高等学校规划教材

油气管道减阻技术

徐 莹 姜 涛 毕国军 著

中国建筑工业出版社

图书在版编目（CIP）数据

油气管道减阻技术/徐莹，姜涛，毕国军著. —北京：中国建筑工业出版社，2019.2
高等学校规划教材
ISBN 978-7-112-23133-1

Ⅰ.①油… Ⅱ.①徐… ②姜… ③毕… Ⅲ.①油气运输-管道运输-减阻-高等学校-教材 Ⅳ.①TE973

中国版本图书馆 CIP 数据核字（2018）第 295812 号

油气管道减阻技术是实现长距离输油、输气管道节能运行的关键技术。本书从减阻机理着手，详细介绍了天然气输送管道、原油管道和成品油管道减阻技术的关键问题和发展趋势。

本书可作为高等学校油气储运工程专业的课程教材以及石油工程专业和建筑环境与能源应用工程专业的教学参考书，也可供相关专业从事科研、教学及实际工程的广大技术人员使用，对管道工程技术人员有极强的参考与借鉴作用。

责任编辑：李笑然　王美玲
责任校对：李美娜

高等学校规划教材
油气管道减阻技术
徐　莹　姜　涛　毕国军　著
*
中国建筑工业出版社出版、发行（北京海淀三里河路 9 号）
各地新华书店、建筑书店经销
霸州市顺浩图文科技发展有限公司制版
北京建筑工业印刷厂印刷
*
开本：787×1092 毫米　1/16　印张：9¾　字数：239 千字
2019 年 3 月第一版　　2019 年 11 月第二次印刷
定价：**30.00** 元
ISBN 978-7-112-23133-1
（33214）

前　言

本书是为高等学校油气储运工程专业油气管道减阻技术课程编写的教材，也可作为石油工程专业和建筑环境与能源应用工程专业的教学参考书。

本书的编写广泛吸收了国内各类优秀输油管道和输气管道教材的精华，力求有所发展和提高。为适应油气储运工程专业发展和培养目标的需要，加强了必要的理论基础并做到与专业密切结合；根据油气储运工程专业教学大纲的要求，精心设计了全书的知识体系和内容；旨在由浅入深、循序渐进地培养学生应用基本理论解决油气管道中减阻问题的思维习惯和方法。

全书共分9章，具体编写分工如下：第1～5章由徐莹编写，第6、7章由姜涛编写，第8、9章由毕国军编写。硕士研究生焦晶在本书的编写过程中付出了辛勤的工作，在此致以谢意。

鉴于编者水平有限，书中难免会有疏漏和不妥之处，恳请有关专家和读者批评指正。

编　者

2018年8月

目　录

第1章　绪　　论

随着石油工业的发展，原油及各种燃料油的管道输送量日益增加，降低管路系统的摩擦阻力、提高输送量，对节约能源和投资，加速原油的开发利用，具有重要意义。对于输油管道及输气管道两种不同输送介质的管道进行减阻技术研究，降低运输成本，提高运输效率，具有显著的节能减排作用。

输油管道的减阻主要有两种途径：减阻剂减阻和管道涂层减阻。其中，管道涂层减阻技术，需要对管道进行内涂敷，减阻工艺复杂，减阻效果不佳。所以，石油管道减阻主要采用减阻剂减阻。减阻剂减阻是向流体注入减阻剂，通过减阻剂在管壁上形成的化学剂涂层，使接近管壁的流体紊流减弱，从而降低流体流动阻力。该方法与管道涂层减阻技术相比除了具有成本低、见效快、减阻效果明显和应用简便灵活的特点，还可以在管道达到最大输量后不进行设备增输改造的条件下增加输量，具有显著的经济效益。

输气管道的减阻方式主要是采用管道内涂层减阻技术，通过在管道表面涂覆减阻涂料，使管道的粗糙度降低，从而减少管道中输送气体时的摩阻消耗，达到减阻增输的目的。同时，内涂层技术还是减少管道内腐蚀的防护措施。内腐蚀是由输送介质的腐蚀性而引起，如石油和成品油输送过程中的水分、天然气输送时的冷凝水。在许多实际情况中，唯一有效的防护措施就是内涂层。

本书将从输油管道减阻技术和输气管道减阻技术两个方面进行介绍。

第 2 章　减 阻 机 理

节约能源消耗是人类一直追求的目标，其主要途径之一就是在各种运输工具的设计中，尽量减少表面摩擦阻力。表面摩阻在运输工具的总阻力中占有很大的比例，在这些运输工具表面的大部分区域，流动都处于湍流状态，所以研究湍流边界层减阻意义重大，已引起了广泛的重视，并已被 NASA 列为 21 世纪的航空关键技术之一。在油气输运、航空航天、航海、流体机械等领域中，由于摩擦阻力的存在，极大地降低了能源的利用效率。面对大范围存在的阻力损失，有效地减少工作部件受到的阻力、提高能源的利用效率将具有重要的工程实际意义。

有关减阻的研究可追溯到 20 世纪 30 年代，但直到 20 世纪 60 年代中期，研究工作主要是减小表面粗糙度，隐含的假设是光滑表面的阻力最小。20 世纪 70 年代阿拉伯石油禁运和由此引起的燃油价格上涨激起了持续至今的湍流减阻研究的高潮。经过 20 多年的努力，特别是湍流理论的发展，使得湍流减阻理论和应用取得了突破性的进展。就减阻技术讲，有肋条减阻、黏性减阻（它包括柔顺壁减阻、聚合物添加剂减阻以及微气泡减阻等）、仿生减阻、壁面振动减阻等。最近，还出现了综合运用多种减阻方法的研究尝试。

2.1　幂律流体管流的减阻机理

幂律流体的管流现象十分普遍。然而，幂律流体一般来说由于黏性较大，导致在管流过程中阻力较大，这是人们所不愿见到的。各种试验表明，如果在这种流体中加入某些减阻剂或者改变流体边界的材料特性，流体流动过程中的阻力是可以减少的。遗憾的是，到目前为止，这方面的研究大多处于较盲目的试验探索阶段，正是基于此开始了探讨幂律流体减阻的机理。

2.1.1　减阻机理

分子理论认为，物质分子间总是存在作用力，这种作用力主要是 Van der Walls（范德华）力。流体和与之接触的固体壁面之间也是这种作用。要分离这种作用，必须做适量的功来克服分子间的作用力，这种功可称之为粘附功。

基于如下两个假设：(1) 壁面是物理光滑的；(2) 流体作恒温流动。

图 2-1 是幂律流体在几种不同流速下的速度分布。流体在管中的速度分布从小到大，呈抛物线形状，开始比较扁平，如速度分布 v_1 所示。随着速度逐渐增大，速度分布线由开始的扁平状态逐渐变得尖锐起来。由于固体壁面与流体分子之间存在粘附功，流体在管中流动时与管中接触的那一层与管壁是有作用的，否则流体流动不会有阻力。与壁面接触的这一薄层流体称为界面层（不是流体动力学中常指的附面层）。壁面与界面层内的流体分子之间的作用大小可用它们之间的粘附功来表示，即 $W_{sl}=2\sqrt{T_s T_l}$，其中，T_s 是固体管壁的表面张力值，T_l 是流体分子的表面张力值。W_{sl} 越大，表示固—液之间的作用越

强，要将固—液分开或使液体与固体之间有相对滑动就会越难；反之 W_{sl} 越小，固—液两相作用越弱，它们之间就越容易产生滑动。如果 W_{sl} 足够小，固体壁面分子对流体分子的作用力已不能完全将界面处液体分子粘附于表面，界面层内流体分子将受主流速度的牵引，一起向前流动。这时界面层内流体分子将与壁面之间出现一个速度差，即出现一个滑移速度 v_s，如图 2-1 中的速度分布 v_3。v_s 的出现是减阻的本质。减阻现象发生后，流体实际平均流速 $v'=v+v_s$，v 为减阻发生前流体的平均流速。速度分布 v_2 是由无滑移向出现滑移现象的临界速度分布。

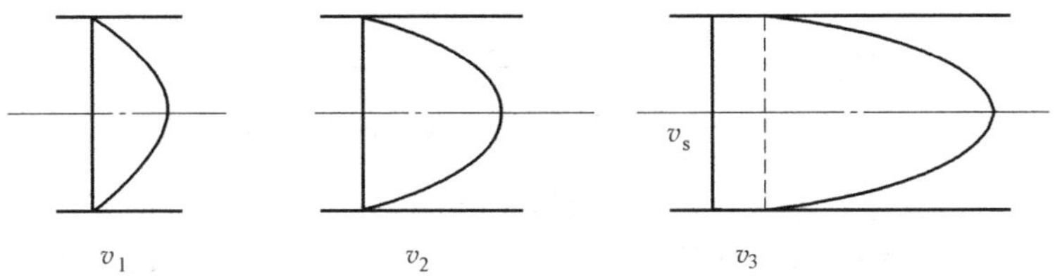

图 2-1　管流中不同流速下的速度分布

2.1.2　影响减阻率的因素

影响幂率流体减阻率的因素有 5 个：管径 R、稠化系数 k、压力梯度倍数 J、临界压力梯度 M 以及滑移速度对壁面剪应力的比率 c。

1. 管径对减阻率的影响

由式

$$\frac{\partial Z}{\partial R}=\frac{-2c(J-1)\left[\frac{J}{2k}\right]^{\frac{1}{n}}M^{\frac{1-n}{n}}\frac{1}{1+3n}\cdot\frac{1}{n}R^{\frac{1-n}{n}}}{\left[2\left(\frac{J}{2k}\right)^{\frac{1}{n}}M^{\frac{1-n}{n}}\frac{n}{1+3n}R^{\frac{1}{n}}+c(J-1)\right]^{2}}<0 \tag{2-1}$$

这说明减阻率是与管径成减函数关系的。也就是说，在小管径输送的场合下，减阻更具有实用价值。

2. 稠化系数对减阻率的影响

由式

$$\frac{\partial Z}{\partial R}=\frac{2c(J-1)M^{\frac{1-n}{n}}\frac{1}{1+3n}\cdot\frac{1}{n}R^{\frac{1}{n}}\left[\frac{J}{2}\right]^{\frac{1}{n}}\left[\frac{1}{k}\right]^{\frac{n+1}{n}}}{\left[2\left(\frac{J}{2k}\right)^{\frac{1}{n}}M^{\frac{1-n}{n}}\frac{n}{1+3n}R^{\frac{1}{n}}+c(J-1)\right]^{2}}>0 \tag{2-2}$$

这说明幂率流体的减阻率与它的稠化系数是成增函数关系的，即稠化系数越大，减阻率就越大。反之，减阻率就越小。

3. 压力梯度倍数对减阻率的影响

由式

$$\frac{\partial Z}{\partial R}=\frac{c\left(\frac{1}{2k}\right)^{\frac{1}{n}}M^{\frac{1-n}{n}}\frac{1}{1+3n}R^{\frac{1}{n}}\left[\left(2-\frac{1}{n}\right)J^{\frac{1}{n}}+\frac{1}{n}J^{\frac{1-n}{n}}\right]}{\left[2\left(\frac{J}{2k}\right)^{\frac{1}{n}}M^{\frac{1-n}{n}}\frac{n}{1+3n}R^{\frac{1}{n}}+c(J-1)\right]^{2}}>0 \tag{2-3}$$

这说明减阻一旦发生，减阻率将随轴向压力梯度或流速的增大而增大。

4. 临界压力梯度对减阻率的影响

由式

$$\frac{\partial Z}{\partial R}=\frac{-2c\,\frac{1-n}{n}(J-1)\left[\frac{J}{2k}\right]^{\frac{1}{n}}M^{\frac{1-n}{n}}\frac{n}{1+3n}R^{\frac{1}{n}}}{\left[2\left(\frac{J}{2k}\right)^{\frac{1}{n}}M^{\frac{1-n}{n}}\frac{n}{1+3n}R^{\frac{1}{n}}+c(J-1)\right]^{2}} \tag{2-4}$$

从上式我们可以知道，当 $n>1$ 时，导数大于零，说明剪切稠化流体的减阻率随临界压力梯度 M 的增大而增大，随 M 的减小而减小；当 $n<1$ 时，导数小于零，说明剪切稀化流体的减阻率随临界压力梯度 M 的减小而增大，随 M 的增大而减小；当 $n=1$ 时，流体性质为牛顿流体，此时导数等于零，说明牛顿流体的减阻率不随临界压力梯度的变化而变化。

5. 滑移速度对壁面剪应力的比率对减阻率的影响

由式

$$\frac{\partial Z}{\partial R}=\frac{2(J-1)\left[\frac{J}{2k}\right]^{\frac{1}{n}}M^{\frac{1-n}{n}}\frac{n}{1+3n}R^{\frac{1}{n}}}{\left[2\left(\frac{J}{2k}\right)^{\frac{1}{n}}M^{\frac{1-n}{n}}\frac{n}{1+3n}R^{\frac{1}{n}}+c(J-1)\right]^{2}}>0 \tag{2-5}$$

这说明减阻率与 c 是成增函数关系的。也就是说，滑移速度对雷诺数的比率越大，减阻率就越大；比率越小，减阻率就越小。

综上所述可知：

(1) 减阻现象发生的前提是流体在流动过程中必须产生滑移，滑移是减阻的本质。

(2) 减阻发生的临界速度与固液之间的相互作用粘附功 W_{sl} 有关。W_{sl} 越小，固液间作用越弱，临界速度越小，越容易发生滑移；反之亦然。

(3) 粘附功的大小与固体壁面的表面张力和流体的表面张力之积成增函数关系。要减小粘附功，就应该尽量减小固体壁面与流体的表面张力。这为低能固体壁面减阻和添加剂减阻提供了理论依据。

(4) 影响减阻率的因素有 5 个：管径 R、稠化系数 k、压力梯度倍数 J、临界压力梯度 M 以及滑移速度对壁面剪应力的比率 c。在小管径的流动中，实施滑移减阻效果显著。另外，减阻率还会随着稠化系数 k、压力梯度倍数 J 和滑移速度对壁面剪应力的比率 c 的增大而显著提高。

2.2　脊状表面减阻机理

自从发现脊状表面具有减阻效果之后，国内外的诸多学者采用试验或者仿真的方法来对脊状表面的减阻机理进行探索研究。但是由于流体微团本身运动的复杂性和试验仿真条件的局限性，对脊状表面减阻机理的研究难以形成一个定论。从脊状结构布置方式来分，有纵向布置和横向布置两种情况。

对于纵向布置的脊状结构减阻机理，目前相对来说得到普遍认可的有两种："第二涡群论"和"突出高度论"。第二涡群论由 Bacher 等提出，他将阻力的减少归于沟槽两侧反向旋转的流向涡与尖顶形成的二次涡的相互作用，认为二次涡削弱了与低速条带相联系的流向涡对的强度，抑制了流向涡对在展向聚集低速流体的能力，使得低速条带保留在沟槽内并减少了低速条带的不稳定性，削弱了低速条向外的喷射过程。流向涡与脊状结构相互作用产生二次涡。

目前关于横向沟槽减阻机理的研究比较少，潘家正将流体流经横向布置的脊状结构后产生的漩涡，理解为"微空气轴承"。这种涡结构改变了流体与物面之间的摩擦力作用方式，由"滑动摩擦"变为了"滚动摩擦"。除此之外，产生的涡结构与物面之间的摩擦与主流方向相反，同样起到减阻的作用。

脊状结构布置于带翼型表面的大型回转机械还集中于研究单个叶片的流动情况，与实际存在一定差距，且数值模拟研究过于集中在对减阻效果的追求。脊状结构的存在对边界层分离现象有一定的抑制作用，可为防止风机旋转失速和降低噪声提供研究方向。

2.3　壁面微结构流动控制技术的减阻机理

流动控制技术是被动或主动采用某种装置使得壁面有界流动或自由剪切流动获得有益的改变，这些有益的改变包括减阻、增升、混合增强和流噪声抑制。壁面微结构减阻技术研究是近壁面湍流流动控制技术研究领域的一个重要组分，此项技术研究起步于 20 世纪 30 年代初，60 年代中后期具有成效的研究工作普遍展开。王晋军等通过利用 LDV、PIV 流动测试技术发现：微结构壁面湍流边界层内部湍流强度减弱，并且边界层厚度增厚。黄桥高等通过对脊状表面减阻的试验测量和数值模拟得出：脊状结构表面边界层流场涡结构中存在着"二次涡"，近壁区处黏性底层厚度比光滑壁面的要厚得多，湍流度显著降低。

以往的研究大多集中在具有壁面微结构的平板的外部流动，而对于管道内流动研究的比较少。Dean 通过压降测量的方式发现方形管道内肋条壁面微结构没有显著的减阻效果，但其试验并没有对边界层内部结构和对应的参数进一步测量。通过压降测量和粒子图像测速法（Particle Image Velo-cimetry，PIV）相结合的方法来研究方形管道内壁面微结构的湍流减阻性能。通过压量初步确认壁面微结构的减阻性能，然后通过 PIV 测量出边界层内部结构和对应的参数，从机理上分析壁面微结构的减阻效果和性能。

2.3.1　试验装置

1. 水循环系统

试验在水循环系统内进行，装置如图 2-2 所示。该循环系统包括方形测试管段、泵、流量计、差压变送器、收缩管段、扩张管段、稳流板和循环水罐等部分。方形管道用有机玻璃制成，测试段长 2800mm，方管横截面尺寸为 100mm×60mm。通过调节电机变频器来调节流量，利用差压变送器（量程 0～3kPa，测量误差±3Pa）测量不同流量下测试管段的压降，通过电磁流量计（测量误差±0.01m^3/h）测量循环管路的流量。试验流体为普通自来水，水温控制在 25±0.5℃。试验所用方管段底面上的微结构为 V 形肋条和 V 形沟槽，是采用激光在有机玻璃平板上雕刻而成，肋条和沟槽顺流向布置。试验分别选取了相同沟宽（s）不同沟深（h）的 3 种沟槽和相同肋宽（s）不同肋深（h）的 3 种肋条，其结构与尺寸如图 2-3 和表 2-1 所示。

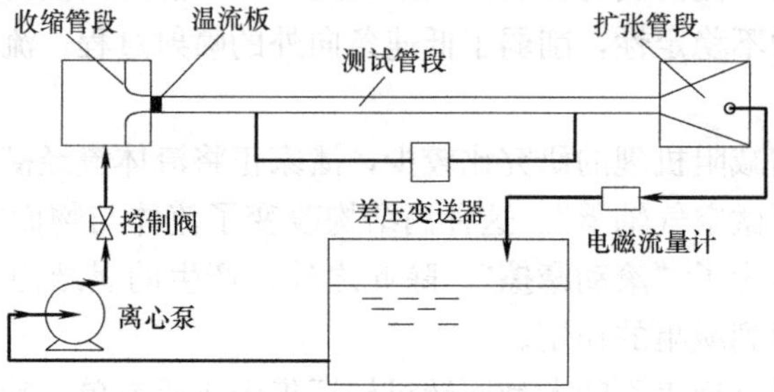

图 2-2　试验装置示意图

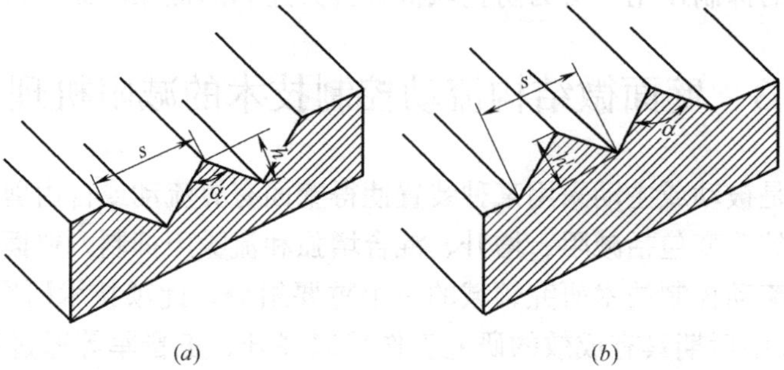

图 2-3　壁面微结构示意图

（a）沟槽；（b）肋条

微结构的尺寸　　**表 2-1**

微结构类型	编号	h(mm)	s(mm)	α(°)
沟槽	1	0.3	1	118
	2	0.5	1	90
	3	0.7	1	71
肋条	1	0.3	1	118
	2	0.5	1	90
	3	0.7	1	71

2. 粒子图像测速仪

本试验用到的 PIV 系统包括：双脉冲激光发射器、CCD 相机、图像处理软件、激光臂和同步器。采用 Micro Vec 软件对图像进行记录，利用 Tecplot 软件对互相关处理后的数据进行分析。试验时激光片光源、CCD 相机和平板相对位置见图 2-4。拍摄过程中，激光片光源平面与平板垂直，与两侧壁平行，片光源位于矩形管道展向中心线处，CCD 相机镜头与片光垂直。PIV 所用的激光器为 KSP200 系列双通道 Nd：YAG 激光器，最大工作频率为 100Hz，可见光波长 532nm，每个脉冲能量 200mJ，脉冲宽度 5ns。CCD 相机（ICDA-IPX-4M15-LMFN082702）分辨率 1549×1697 像素，微距镜头焦距为 60mm。采用 Tecplot 软件对图像进行处理。本试验所测的流速中，对应的最小跨帧时间约为 120μs，判读区间有 80 %重合度，图像采集频率为 15Hz。

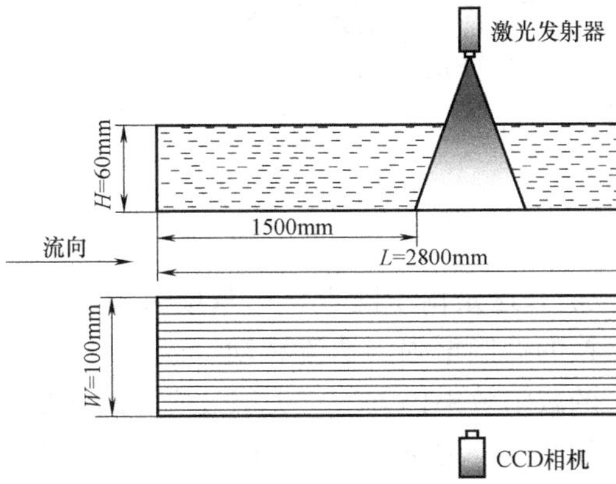

图 2-4　PIV 布置图

2.3.2　减阻机理

壁面微结构是否具有减阻效应与流体的流动状态密切相关。当流体处于层流状态时，壁面微结构不具备减阻效应，甚至会增加流动阻力；而当流动状态处于湍流时，壁面微结构就有可能具有减阻效应。

1.“突出高度”理论

相较于光滑壁面，微结构壁面流向无量纲速度分布对数率中 A、B 值均有不同程度的增大，反映到边界层的结构就是其黏性子层相比光滑壁面增厚，即所谓的“突出高度”。Bechert 等研究认为这是由于微结构低谷内存在一种作用类似于润滑剂的流体，类似于将黏性子层向远离壁面的方向移动使得此层厚度增加，另外它们的存在使得流场中流向涡结构与壁面之间存在了距离，抑制了流向涡结构的演变过程，从而达到减阻的目的。

2.“第二涡群”理论

壁面微结构的减阻效果与“尖端效应”“约束效应”两种基本现象有关，并且以上两种现象只在微结构壁面的流场中才存在，光滑壁面流场中并不存在。以图 2-5 中的沟槽壁面 2 为例，分析这两种效应的作用结果。

当 $s^+<15$ 时，壁面微沟槽减阻效果随着 s^+ 的增大而增强；特别当 $s^+<10$ 时体流速较小，雷诺数小，而湍流涡结构尺寸很大，对沟槽低谷流体与外部流体动量交换抑制较弱，此时壁面微沟槽的减阻效果较差，如图 2-6*a* 所示。当 $10<s^+<15$ 时 ，壁面微沟槽

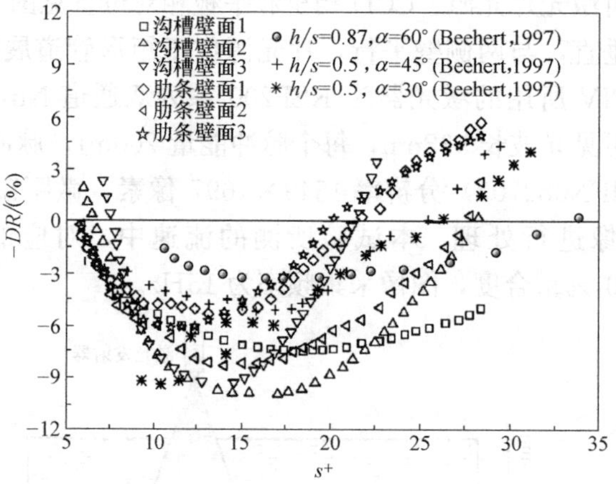

图 2-5　减阻率对比

减阻效果随着 s^+ 的增大而减弱，这是由于随着雷诺数增大湍流强度增大，而壁面微沟槽对于沟槽尖端与沟谷动量交换的抑制增强，湍流脉动（u'、v'）增强，雷诺切应力增大，但壁面微沟槽“约束效应”的减阻效果仍大于“尖端效应”的增阻效果，所以最终壁面微沟槽仍呈现出减阻的效果，如图 2-6*b* 所示。当 $s^+ \approx 15$ 时，沟槽尖端与沟谷动量交换抑制作用达到最强，同时湍流脉动强度、雷诺切应力适宜，最终使得沟槽减阻效果达到最佳，如图 2-6*c* 所示，同时在沟槽内形成了“第二涡群”，此涡结构的形成会抑制槽能流体与外部流团之间的动量交换，从而使得槽内流体的流动变得更加稳定，流动阻力减小，增强了壁面微沟槽的减阻效果。当 $s^+ \approx 22$ 时，壁面微沟槽的减阻率值为 0，表明“约束效应”的减阻效果与“尖端效应”的增阻效果相中和，壁面微沟槽没有减阻效果，对流场阻力总的影响效果与光滑壁面相同。当 $s^+ > 22$ 时，随着雷诺数的增大，湍流脉动进一步增强，沟槽尖端与沟谷交换频繁，涡结构增大，尺度变小，壁面微沟槽对管道起到了增阻的作用，如图 2-6*d* 所示。

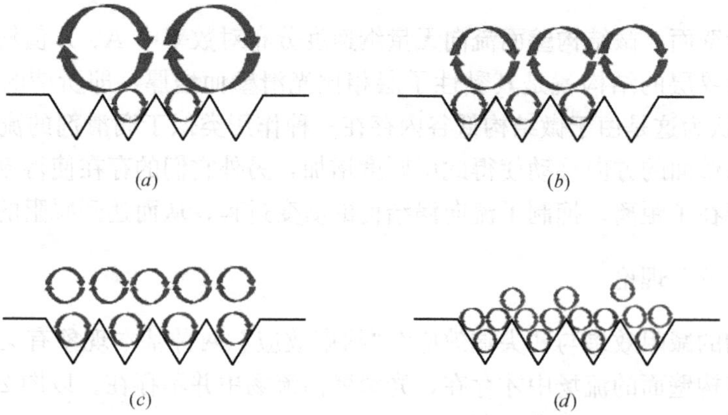

图 2-6　微沟槽壁面近壁区涡结构变化过程

(*a*) 低流速下，减阻效果差；(*b*) 流速增大，减阻效果增强

(*c*) 流速适宜，减阻效果最佳；(*d*) 流速继续增大，减阻效果变差

2.3.3　小结

研究对微结构壁面和光滑壁面作为底面的矩形管道的湍流特性进行了对比试验，通过对比分析减阻率、平均流速、雷诺应力和湍流强度等流动参数，得到如下结论：

(1) 在一定的 s^+ 范围内，6 种不同的微结构壁面都具有减阻效果。不同微结构壁面的减阻效果与 h/s、s^+ 相关。研究发现不同微结构壁面的减阻效果都随着 s^+ 的增大，呈现先增大后减小的趋势，其中沟槽壁面 2 的减阻效果最好，最大减阻率为 9.90 %。

(2) 不同壁面微结构通过“尖端效应”及“约束效应”两种现象的相互作用，从而使得壁面微结构具有减阻或增阻效果。壁面微结构通过影响湍流脉动强度、雷诺切应力、平均流速等，从而使得壁面微结构具有减阻效果。

(3) 微结构壁面的无量纲流向速度分布曲线对数率区的 A、B 值比光滑壁面得大，黏性底层相对于光滑壁面增厚。

第 3 章　天然气管道减阻技术

3.1　输气管道减阻机理

目前，天然气管道输送减阻技术研究取得了较大的进展，就研究结果而言，减阻技术大致可归纳为两大类：管道内涂层减阻技术和天然气减阻剂减阻技术。

3.1.1　管道内涂层减阻技术

管道内涂层减阻技术的核心是降低内壁的粗糙度，其关键的前提条件为：一是天然气流动处于完全紊流区，二是管壁表面粗糙度要有显著的减小。

理论分析表明，对管内流动而言，光滑减阻的潜力是最大的。一些文献的试验结果表明，光滑减阻率能达到百分之十几甚至几十，光滑减阻的效果是惊人的。对管道而言，要实现内壁面光滑的方法很多，目前从经济、实用的角度来讲，内壁减阻涂层是最有效的方法之一，国内外已有多篇关于内涂层减阻方面的报道。图 3-1 是管道内壁涂层减阻的模拟图。

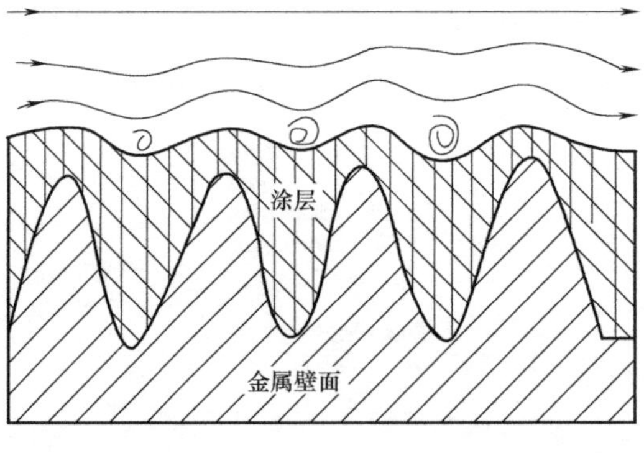

图 3-1　管道内壁涂层减阻模拟图

内涂层技术最早主要应用于水管道，以确保获得高纯度的水；或用于气体管道，以期最大限度提高输送能力。研究人员后来发现，内覆盖层不仅可以有效地防止管道内腐蚀，而且还是提高输量的有效手段，对于干线输气管道的增输效果尤为显著。因此，20 世纪 60 年代以来，以减阻为目的的内涂技术有了较快的发展。

20 世纪 60 年代内覆盖层的最早使用是在 1940 年美国德克萨斯州在酸性原油油井套管进行的内涂酚醛树脂作业；1947～1948 年，内涂技术第一次应用于含硫原油管道和含硫天然气管道；1953 年，美国首次在一条直径为 508mm 的天然气管道上使用内涂层；1955 年，美国第一次采用胺固化环氧树脂覆盖层材料对长距离输气管道进行内覆盖作业。

此后，在世界范围内应用内涂减阻的著名干线输气管道的典型例子不胜枚举。

Tennessen 公司在 1958 年首次进行了典型的 Refugio 天然气输送管道内涂层试验。试验的结果表明，管道涂覆内涂层后的流动效率提高了 6%。Transcontinetal 公司也于 1959 年将内涂覆管线投入实际应用。经过几十年的应用发展，管道内涂层的涂料生产和施工技术日趋成熟，欧美许多油气管道公司也开始认识到管道内涂层减阻的优越性，并对天然气管道的主干线涂覆内涂层，包括横跨欧洲的马格里布管道、世界上最长的海底管道和加拿大到美国的联盟管道等。1968 年，美国石油协会制定了 API RP 5L2《输气管道内涂层的推荐准则》，对内涂层的材料、施工和质量都做了严格的规定，之后许多国家也制定了相关的标准，包括英国的 CM1、CM2 等。在管线建设中，内壁涂层的费用只占到钢管费用的 2%～3%，只要输气量能提高 1%，就能很快回收投资。

目前，内涂层技术处于领先地位的国家包括美国、德国、英国、意大利等欧美国家，已普遍采用内涂层减阻技术来提高输气压力，增加输气量。

在国内，内涂层技术已开发多年，但主要是应用于油气田腐蚀性介质的集输管道和注水管道上，用于防腐蚀目的。石油工程研究院对适合应用于大口径管道的减阻内涂层进行了专项调研，管道局和工程院的技术专家对内涂层的减阻效果进行了定量的经济性分析。1977 年，石油工程建设施工专业标准化委员会制定了《钢质管道熔结环氧粉末内防腐层技术标准》SY/T 0442—2010 和《钢制管道液体环氧涂料内防腐层技术标准》SY/T 0457—2010 两个行业标准，使国内的内涂层技术逐步走向规范化。

管道内涂层的物质基础是涂料，适合于天然气管道内涂的涂料品种有很多，包括环氧树脂涂料、环氧聚氨酯涂料、环氧酚醛涂料以及煤焦油环氧涂料等。内涂涂料应具有以下特征：有良好的防腐蚀性能，具有耐压性，易于涂装，化学性质稳定，有良好的粘结性及耐弯曲性，有足够的硬度和耐磨性，有良好的耐热性，涂层光滑。

环氧树脂涂料是广泛使用的长效防腐涂料，它是由涂料中的环氧树脂分子和固化剂发生交联反应固化而成，利用环氧基的反应活性，可以用各种树脂对环氧树脂进行改性，制得各种具有良好使用性能的涂料。1957 年，美国天然气协会的管道研究会曾经进行过一个研究项目，对天然气管道内表面的涂料进行研究和筛选，在对各种涂料进行研究后发现，最终认为环氧树脂型液体涂料，特别是聚酰胺固化的环氧树脂，最适合于天然气管道的内涂。国外目前常用的天然气管道减阻类涂料都采用环氧树脂作为成膜基料，包括英国伊伍德公司的 COPON BP2306HF、德国 Permecor337 和丹麦 Hempel 85442 等产品，具有附着力好、减阻效果好等特点。

我国管道内涂层专用涂料的研究也有二十多年的历史。中国石油天然气总公司施工技术研究院和华北油田设计院于 1982 年和 1984 年先后研制了防腐型环氧粉末涂料，此后有关单位又研发了 H87、H8701 等液体环氧涂料。目前，中国石油集团工程技术研究院已经研制出天然气管道减阻耐磨涂料。该涂料以新型改性树脂为基料，具有表面光滑、减阻效果突出、附着力好等特点，特别适用于天然气输送管道的内壁涂覆，可以大幅度降低管道输送压力，提高管道输送效率。AW-01 型涂料制作的减阻内覆盖层能达到 API RP 5L2 标准的要求，在西气东输工程中后期得以应用，这是国产减阻涂料的首次工业化应用。此外，中科院金属研究所国家技术腐蚀控制工程技术研究中心也研制开发出一种管道内减阻涂料。与国外相比，国内内涂层的各项技术在技术水平和应用范围上存在较大的差距，特别是大口径天然气管道内涂敷及减阻技术更是刚刚起步。

管道内涂层减阻技术是目前已经应用的天然气管道减阻增输技术，主要应用于处在阻力平方区湍流的天然气管道。而不满输的干线输气管道和小管径输气管道，大多处于混合摩擦区湍流甚至光滑区湍流，内涂层的减阻效果不明显甚至无效果。若考虑到经济效益，只有管径较大时，内涂层的收支比才为正值。内涂层施工工艺一般可分为两种：工厂预制法和现场涂敷法。前者适于新建管道施工，后者多用于在役管道的修补。

国外管道内涂层一般推荐采用胺固化环氧涂料和聚酰胺固化环氧涂料，尤其优先使用聚酰胺固化环氧涂料。目前，国外研究方案的主要技术发展趋势为研制适应管道外涂层熔结环氧粉末结构式三层结构的高温涂覆条件及允许管道压力反复变化的耐热型和耐久型内涂料口。国内内涂层方面的专项研究也已有十多年历史，但是多数仅应用于油田内部中小口径集输管道，其主要原因是长距离、大口径干线天然气管道内涂覆施工设备的复杂性，特别是结合外涂层进行联合施工作业难度大。

内涂层减阻技术主要有以下几方面的缺陷：

(1) 长距离、大口径干线天然气管道进行内涂覆施工设备复杂、价格昂贵，国内无法引进，一般采用施工前单管进行涂覆，施工时分段组合的方案；

(2) 结合管道外涂防腐涂层联合施工时，特别是管道组合焊接时，由于内外涂层的耐热性不同，很难保证内涂层的减阻效果，使得结合外涂层进行联合施工作业难度较大；

(3) 管道内涂层一次施工之后，随着应用时间的延长，不可避免地存在内涂层磨损和脱落问题，若进行二次修补，必须停产、拆装和清理，这在工程和技术上都将造成极大的困难。

3.1.2 天然气减阻剂减阻技术

所谓“减阻”，是在恒定压降下，向管道中的流体加入“减阻剂”从而导致其体积流率的增加，或者在恒定体积流率下，加入“减阻剂”使其沿程压降减小。1948 年，Toms 在首届国际流变学会议上发表的一篇论文中指出以少量的聚甲基丙烯酸甲酯溶于氯苯中，输送流体和管道内壁之间的摩擦阻力可以降低约 50%，可以很好地起到减阻效果。这是“减阻”概念的最早提出，因此高聚物减阻又被称为“效应”。

减阻剂的研究最初是为了应用于原油输送管道。1979 年，美国公司生产的减阻剂首次商业化应用于横贯阿拉斯加的原油管道，并获得巨大成功。从此减阻剂行业获得了巨大的发展。目前，全球每年输油管道减阻剂的用量大约为 10×10^4 t，世界上已有几百条输油管道陆续使用了减阻剂。

天然气开发和应用的快速发展，对天然气管道的输送能力提出了更高的要求，天然气减阻技术也受到广泛的关注。同原油减阻剂一样，天然气减阻剂的应用可以显著增加输量、降低压缩机的动力消耗、减少压缩机的安装功率、节约压缩站数，所带来的经济效益是巨大的，有着很好的实际生产需要和市场前景。但天然气减阻剂不同于石油减阻剂。石油减阻剂，如用在原油管道中的减阻剂是典型的长链聚合物，这时，聚合物融进液相来减少液体的涡流，它的分子量是百万数量级，石油减阻剂从管道内表面把层流底层拓展到中心湍流区，它的有效区在层流与湍流的界面处。而天然气减阻剂的分子量不可能很大，因为这考虑到它的雾化能力以及它在管壁上“凹谷”的“填充”能力，并且天然气减阻剂的作用区不是在层流与湍流的界面处，它是直接作用于管道内表面。减阻剂分子与金属表面牢固地结合在一起形成光滑、柔性表面来缓和气—固界面处的湍动，直接减小管道内表面粗糙度，减少流体与管壁之间的摩擦，从而达到减阻增输作用，它不改变流体的性质。因此，天然气减阻剂的减阻效果要明显低于石油减阻剂。

天然气管道减阻剂的研究是由管道缓蚀剂发展而来的，由于现代天然气管道输送为处理后的“干气”输送，管道缓蚀剂工作部分开始转为管道减阻方向。

早期增加气体管道流量的方法，包括把气体液化。为了提高管道的操作效果也包括其他的一些方法，如在气流管道中注射添加剂，如一种含重复及铵化吡啶结构的聚合物结构的聚合物，来控制管道内的乳化、水合及腐蚀等问题。发现在特定的雷诺数区，往输送气体的粗糙管内加入少量的液体可提高管道的流动能力。人们推测有粗糙内表面时，液膜中的液滴进入管壁上粗糙部分两凸峰之间的“凹谷”，形成比原来内表面更光滑的表面。

在 20 世纪 90 年代初，在 Frank E. Louther（Atlantic Richfield Company）的发明专利中提出在气体管道中应用减阻剂减阻的方法，其方法适用于具有稳定压降的气体管道的两点之间。其方法为：在第一个站点通过旁路往气流中注入减阻剂，在第二个站点监测气体流率，调整减阻剂的注入速率直到达到最大气体流率并且保持不变，降低减阻剂的注入速率直到气体的最大流率开始下降，确定最大气体流率时的减阻剂最小注入流速在第二个站点处，当气体流率保持最大稳定后，监测从气流中移除减阻剂的流率，调节第一个站点处减阻剂的注入率，使其与第二个站点处减阻剂的移除率完全等同，从而用最小量的减阻剂获得最大流量。该专利所用的“减阻剂”是指将其加入管道气流中，在恒压降条件下，提高气体体积流率而不明显改变气体化学成分的任何物质，例如乙二醇、醇类、脂肪酸等，并且最好是气体或能雾化的液体，在管道中具有比较低的蒸汽压，在管道中气流的温度和压力条件下，使减阻剂的大部分能在管壁上冷凝，少部分仍持气相随气流流动。该减阻剂应具有足够小直径的分子，能够进入或填充管壁上的“凹谷”。该专利得出结论：在气体管道中，保持相同压降，应用减阻剂可提高气体流量 15%～40%。

同样也是 20 世纪 90 年代初，Atlantic 就气体管道减阻方法再一次申请了美国专利。该方法也是在管道内注入减阻剂，该减阻剂分子具有极性和非极性基团，极性基团一端粘附在管道内壁上，非极性基团一端在光滑管壁与流动气体之间形成气—固界面，减小流体在该界面处的湍动，从而该减阻剂在管道内表面形成一层化学品薄膜，使管壁的固有粗糙度降低，减少气流与管壁之间的摩擦。该减阻剂是类似于缓蚀剂、润滑剂之类的物质，例如，碳原子数处于 18～54 之间的脂肪酸、烷氧基化的脂肪酸胺或酰胺，其长链烃的分子量约从 300 到 900。在该发明中还提出某些天然原油也符合减阻剂的条件，这种天然原油由沥青质、树脂和长链烷烃组成，也含有少量的 N、S、O、Fe 和 F，这些杂原子大多集中在大分子量如沥青质部分，使沥青质带有极性。除了特定的天然原油和商业缓蚀剂以外，该发明中还提到了聚乙氧基化的松香胺溶于 10%（质量）的煤油中所得到的溶液也满足减阻剂的性质。

在 20 世纪 90 年代初，Ying 进行了天然气减阻剂的试验室研究和实地试验研究。在试验室研究中，他设计了管道环路，并在该环路上筛选了各类可能的减阻剂，包括防冻剂、润滑剂、缓蚀剂和某些原油。试验证明某些缓蚀剂和某些特定原油的减阻效果相当，并高于润滑剂和防冻剂。在该环道上还用一些易于雾化到气流中的较轻分子如丁胺、二甲基乙酰胺和乙胺做了试验，结果表明这些较轻分子并没有提高气体的通过量，因为它们的分子量或蒸汽压太低。同时也评价了来自 Chemlink 的四种不同分子量缓蚀剂的减阻效果，试验结果表明，管道表面成膜的效力随分子量的增加而增加。通过检验这些减阻剂的减阻效果，得出结论由脂肪酸合成的具有多胺或酰胺官能团交联在一起的高分子量缓蚀剂是最有潜力的减阻剂。

在 20 世纪 90 年代末，Huey 在墨西哥一条天然气输送管道上进行了用缓蚀剂作为减阻剂的实地试验并获得成功。该管道从 Mobile863A 墨西哥湾的平台到 Mobile864B 平台，总长约 5 英里。这次试验所用的缓蚀剂类型包括脂肪酸、烷氧基化的脂肪酸胺或酰胺，其原子数处于 18～54 之间。在这次试验中是分批注入减阻剂，并且在管道中分批注入柴油来溶解在井头冷却器和管道中可能聚集出来的金刚烃。试验时间接近 2000h，包括 4 批减阻剂处理。尽管金刚烃的不断沉积掩盖了减阻剂性能的某些劣化，但从试验结果可看出管道适合进行减阻剂的分批处理，并且减阻剂的效用最少可以持续 400h。

在 20 世纪末，挪威科技大学也进行了关于天然气减阻剂方面的研究。Randi 指出减阻剂不仅可能用于新管道，而且也可能用于老管道的改造，不管老管道内有没有涂层。他的研究采用了两种完全不同类型的减阻剂成膜剂和粘弹剂。当成膜剂沉积在粗糙壁上时，能够降低输气管道的内壁粗糙度，而夹杂在被输送流体中的粘弹剂可限制亚湍流层的湍流漩涡的发展。在试验室小口径流动环道中进行减阻性能测试，指出当黏性底层可能厚于聚合物的长尾端时，减阻剂不能减少管壁与流体之间产生的紊流漩涡，也不能改善流体的流动状态，并且减阻剂浓度过高也不利于减阻。

综上所述，天然气减阻剂是具有表面活性剂类似结构特点的一类化合物或聚合物，分子中具有极性和非极性基团。当将其加入到天然气管道中时，分子中的极性基团可以粘附在管道内壁上，形成一层弹性分子薄膜。弹性薄膜紧紧吸附在管壁内表面，使得管壁内表面的凹陷、沟槽被填塞，从而使得管道内壁粗糙度大大减小。天然气气流与形成的较平滑的弹性薄膜壁面相接触，不再与原有粗糙不平的管道内壁接触。同时，非极性端伸展于流体与管道内表面之间形成的气—固界面，可以吸收流体与内表面交界处的湍能，减少消耗于内表面的能量，吸收的湍能随后又逸散到流体中，从而减少湍流的紊乱程度，达到减阻目的。

天然气减阻剂技术是针对管道内涂层减阻技术的不足而提出的，其研究思路为利用特殊的具有表面活性剂类似结构特点的化合物或聚合物，其极性端牢固地粘合在管道金属内表面，并形成一层光滑的膜，而非极性端存在于流体表面与管道壁之间形成的气—固界面，利用聚合物膜所具有的特殊的分子结构，吸收流体与内表面交界处的湍能，从而减少加于内表面的力，吸收的湍能随后又散逸到流体中，从而减少湍动的紊乱程度，达到减阻目的。

相比管道内涂层减阻技术，天然气减阻剂减阻技术的优点主要包括：

(1) 天然气减阻剂可以直接注入天然气输送管道中，克服了管道内涂层减阻技术中施工设备复杂、费用较高，并且避免了因脱落导致减阻效果逐渐降低甚至产生负效应的问题；

(2) 虽然减阻剂尚未应用于天然气管道中，在高压气体管道中使用减阻剂是否能带来好的效果需要进一步评估，但减阻剂不像内涂层那样只能够应用于新管道，它可应用于新、老管线以及有涂层或无涂层的管线；

（3）减阻剂一次性投入低，可根据需要多次加注，能够有效提高管道的输送弹性，节约投资，可以大大减少修补工作。

3.2　内覆盖层产生的效益

很长时间以来，人们就认识到管道内覆盖层具有良好的经济性，它能够耐磨损、耐机械破坏并降低清洗、过滤、清管的成本及其他清管设备的费用，确保产品纯度，防止污染，极大地降低了维护费用，使管内壁不会造成沉淀物的聚积（如垢或石蜡），能增加输量。

1967 年，美国国家标准局的“腐蚀的方方面面”报告估计，由于水管内壁锈蚀的阻塞所需的额外泵动力成本每年就达四千万美元。

3.2.1　增加天然气的输量

由于内覆盖层表面的粗糙度减少了摩擦阻力，使天然气或液体更容易在管内流动，从而提高了输送效率，增加了输量。用于天然气管道内壁的这类减阻型涂膜较薄，干膜厚度为 37 ～75μm，通常在表面处理达 Sa2.5 级的表面上喷涂。

1953 年，北美天然气管线首次采用减阻内涂技术，管径 500mm，使用了美国 CO-PON 研究联合体开发出一种具有特殊表面粗糙度，能有助于介质流动，提高输量的涂料，这在实际应用中已得到证实，许多文献作了具体的阐述。

在当时使用了上述涂料，5 年内进行定期跟踪检查，后因没有发现任何问题，所以没有再继续检测。

目前减阻内涂技术已被大家所接受，尤其被天然气输送公司所采用，事实上，从初期在北美出现，直至现在在欧洲及其他国家广泛应用，减阻内覆盖层也已成为管道的标准技术。

Pasold H G 博士及 Wahle H N 于 1993 年发表的文章中提出了输送量提高 14%～21%的数据。并指出：“这种内覆盖层自 20 世纪 60 年代末以来一直被北欧和北美的许多天然气公司所采用，大部分用于较大管径的管线，获得了上述比例的增量，而投资量增加相对较小（少于 2%）”。

实际检测表明，天然气管线上使用内覆盖层具有以下的经济效益：

（1）可提高输量 4%～8%，许多国家应用实例表明均能维持这一比例，这实际上已有一定裕度，一般认为能提高 1%，采用内覆盖层就已值得了；

（2）可在管道敷设前提供保护，以保证没有腐蚀物影响表面粗糙度，污染介质；

（3）敷设后可方便快捷地清洁管道内部，水压试验后由于内表面光滑，能迅速干燥；

（4）减少石蜡及其他污染物的沉积；

（5）在运行期间能降低动力消耗；

（6）减少维护、清管的次数；

（7）不会因腐蚀物造成阻塞、破坏、污染介质；

（8）有利于管道内壁缺陷的检测，较易查出管道的层裂和其他缺陷；

(9) 使用内覆盖层后的管内壁表面非常光滑，因此可延长清管器的寿命，与没有内覆盖层的条件相比，延长寿命近4倍；

(10) 提高了输送介质的纯度。

对于轻度腐蚀性的天然气管道，用75μm的干膜厚度内覆盖层具有更高的经济效益。

3.2.2 减少维护量

由于内覆盖层的使用，使清管更加容易，且减少了清管次数，同时清管器所需的压力大约只是裸管的一半，所以管道的维护量相应减少。类似的情况有，当管道做水压试验时，管径900mm的管道只需4个清管器即能完全干燥。

对于每条管道，清管的次数不尽相同，但从几家美国天然气运输公司实际应用经验中提供的一些数据表明，有内覆盖层的管道每一年至一年半进行一次清管，而没有内覆盖层的管道，通常一年需要进行3次。

3.2.3 良好的经济性

内覆盖层初期投入的成本可获几倍的补偿，即使管径对于当时输量需求来说很充分，也应考虑使用内覆盖层，以便适应将来输量增加的需求。

通过贴现流动的方式，几年后就会有效益回报，分析表明对于天然气和液体管线使用内涂技术，一般3～5年即可有效益回报。测试数据不是很完全，因为需进行内防腐前后的比较测量，而且也不能完全确定待涂表面的粗糙度。涂层粗糙度随着所使用的涂料的不同而不同，但从水压试验角度来说，内表面粗糙度值最大应降低到5～10μm。

最初内涂料主要应用在水管线上，是为了确保水的纯度，在天然气管线上，是为了希望最大限度地提高生产量。然而近年，也应用在石油管线上，不仅是为了防腐，而且是为了通过改善流动有所受益。

其他的好处包括减少维护及降低了石蜡的沉积。据报道，美国一些沿海管线的清管次数减少高达75%。试验室试验结果也显示，由内涂层形成的光滑表面能显著地降低石蜡的沉积，可达25%。

总之，内涂层能大幅度地提高输量，这个提高正是依赖着管道、内涂覆及流动特性。然而，理论分析还没有发展到可对任何管道系统进行与之相关的检测。

随着表面粗糙度的降低，摩擦系数也相应地减小，摩擦系数降低的比率随着雷诺数的增加及管径的减小而增加。

管径对减少摩擦系数的影响，随着雷诺数的增加而有所减小。

当雷诺数在10^5～10^7时，摩擦系数的变化最大。内表面粗糙度为4.5μm的工业管道内涂后可提高液态介质输送能力22%，输气管道则是24%。内表面粗糙度为4.5μm的工业管道，则液体压力的降低将达33%，内涂可缩小管径8%。

众多降低成本的实例说明，内涂覆所带来经济效益，通常回报期为3～5年。通过从内涂技术的受益，最初的成本投入将会几倍地收回，即使天然气管径能充分满足当时输量的需求，但是为了将来能增加输量或减小新管线的管径，考虑内涂减阻仍是明智的举措。

综上所述，天然气管道减阻内涂技术有着无可非议的优越性，在许多文献中均有所反映。

3.3 天然气管道的内覆盖层

3.3.1 基本要求

不同国家不同机构对天然气管道内覆盖层的要求不尽相同，但是却基于同一个基本原则。典型的性能测试应符合英国天然气委员会的要求，如涂膜的机械性能要求，弹性、抗冲击性要求，极好的附着性，要求耐盐雾、湿度、冷凝酸、蒸馏水、三甘醇、润滑油、脂肪族和芳香族烃类化合物、甲基乙醇及气体加味剂。

测试应模拟实际运行环境，包括压力起泡试验。在气压试验中，覆盖层要承受 6.895MPa 的压力，然后在 30s 内释放。在水压起泡试验中，用蒸馏水将压力加到 13.79MPa，然后迅速释放，涂膜必须保持良好的完整性。

天然气管道的静水压试验，是用水在管壁 90%的最小屈服强度的钢材上进行的，管壁如有缺陷将会爆裂，内覆盖层做此试验时，应没有任何受影响的迹象，即使是在屈服强度上限 105%，管道加压后也应没有变化。

浸在北海中的天然气管道，要装上海水一年，内覆盖层也必须能承受住这种恶劣环境。

内覆盖层摩擦角是变化的，在 10°～13°范围内，焊接处将会有约 4～8mm 的烙印（如果末端不留出 1cm 或 2cm）。

实际应用喷砂或抛丸处理，而不是机械钢丝刷，所以膜层可做得较厚，为 65～75μm。

国际上对天然气管道内覆盖层的严格规定已实施多年，并被广泛应用于石油工业领域。

3.3.2 防蚀用内覆盖层

为了实现防蚀保护，必须使用厚度至少 250μm 的涂膜，根据所用环境的不同，甚至更厚。独根管子的施工，可喷砂处理后，再喷涂液体涂料，对于旧管线，只能就地施工。

内覆盖层除了起防腐保护作用外，以上所列的天然气管线内覆盖层的优点，同样适用于其他有内覆盖层的管线，不管是输送天然气还是液体。

3.3.3 减阻用内覆盖层

内覆盖层的另一优点就是用在那些为了安全起见要求降低操作压力的地方，如果压力不可能降低，管道必须进行更换，或者增加环套。然而，内覆盖层将会在较低压力下允许增加流量，且成本较低。

3.3.4 内喷涂装置

对于不同管径的管道需要不同的专用喷涂设备和清洁设备，使用经过相关测试的适宜环氧涂料，进行正确的表面准备，如喷砂或酸洗。

内喷砂有特殊的专用设备，将装在转向器上的碳化钨喷枪插入管道中，砂流径向转动喷出，以相对精确的角度喷到管壁上，这种简单的设备适用于 ϕ125mm 以下的管道。当管径较大时，通常采用自旋双向喷头，为确保管壁清洁均匀，喷头装在轴心上，由滚动的可调节的、重量较轻的支撑装置支撑。

这种支撑可用于管径达 ϕ1050mm，旋转的喷头和支撑件作为一个整体在管道内前后移动，除去氧化皮、锈及化学污染物。这种辅助设备价格并不昂贵，对清洁大口径管道却实际而有效。

3.3.5 焊缝的处理

对于敷设前单根管子内喷涂，存在的问题就是后续的焊缝处理，钢管之间的连接必须采用焊接，而不能用连接器。

大口径管内焊接处，可手工处理。对于小口径管内焊接处的处理，曾做过各种尝试，拟设计出内表面焊接处的清洁及涂覆工具，做内部清理和修补，至今没有成功。然而，近来有报道说，日本已研制出可处理长达 500m、管径为 350～600mm 的焊接问题的设备。

这种自动遥控检测机械能按要求对表面所有连接处进行处理，清刷掉因焊接而被烧的涂覆区，完成指定操作后，机械能自动关闭，在吸去管道内残留的灰尘和熔渣后，离心叶轮代替喷头，开始进行涂料施工作业。

在旋转期间，刷子的延伸部分清洁焊缝的两侧，不旋转时，刷子保持收缩状态，以避免损坏内涂层，为了确保管道内部彻底的清洁，载体的工作速度设定为 25.4mm/s。

当用离心叶轮施工时，为保证涂料用量均匀，载体移动速度与涂料的流动速度是同步的，总用量由管径决定。为处理清洁部分以外的搭接部分，该设备最大允许单行覆盖距离为 600mm。一个管段所需涂料预先贮存在两只压力容器里，以最短的时间供给附加可拆装的圆柱形混合器。

3.3.6 非焊接头

对于保护性覆盖层来说，不进行焊接而用凸缘或连接器连接通常是不行的，另一种选择就是采用密封型管接头，也就是外部焊接的管道套筒。

因此人们一直在研究连接管道的非焊接技术，近来就有一种用于天然气和液体管道的新技术，几家天然气分输公司和其他几家公司在使用一种机械方法进行钢管盘绕连接及管道本身金属间的密封连接方面发表了文章，据说这种方法对于管径达 100mm 的管道连接来说都是有效的，同时也有设备处理管径达 300mm 的管道。

在水压下，双环连接及金属间密封均能很好地承受管道材料最小强度的 90%以上，报告中还说，这种方法用在内涂管道上时不会破坏涂膜的完整性。

3.4 典型应用实例

关于应用实例，在无特殊情况时，一般管线不会经常打开做定期检查或其他检测，如果在阀门、过滤器或其他设备上没有观察到涂料脱落现象，那么一般也就认为内覆盖层状况良好。当出现问题时，使用者会向涂料供应商反映，而不是出具定期良好性能检测报告。

由于内覆盖层性能和经济性方面已被认可接受，所以被继续采用。

以下仅是部分典型实例，说明不同环境下使用内涂后的性能。

3.4.1 石油管线

(1) 一条旧的海底管道采用内涂来防止石蜡的沉积，在此之前，要求每 7 小时用溶剂进行溶解，内涂后再没有问题；

(2) 一条 1.6km 的集输管线，为了解决内壁腐蚀和石蜡沉积，进行内涂，4 年后检查发现情况很好；

(3) 不同管径的近 160km 的集输管线，16 年后内涂，涂后 4 年检测，达到预期目的，令人满意；

(4) 一条长 8km、管径为 100mm 的管道在内涂 4 年后检测，没有结蜡，没有泄漏，在内涂前每 2 年进行一次清刮，每周清除一次石蜡；

3.4.2 盐水管线

(1) 对 1958 年建的 100～200mm 管线，因管内碳酸钙的聚积影响流量，根据经验内涂后没有再出现问题；

(2) 对一条直径 400mm 的饱和盐水管道进行内涂来防止腐蚀，后来运作没有任何问题。

3.4.3 盐水管线漏洞的修复

(1) 一条直径 100mm、长 3.2km 的钢管，因腐蚀泄漏而进行原位现场内涂，后来再没有泄漏的报道；

(2) 由于严重腐蚀，一条直径 75～150mm 的管道做内涂前有 800 处漏洞，内涂后仅发现 3 处；

(3) 一条直径 150mm 的输送盐水的管线，外部缠绕防腐层，并有阴极保护，运行仅 10 个月就出现泄漏，内涂后运行几年仍保持良好。

3.4.4 石化和炼制产品管线

石脑油原料管线，用海水清洗，内涂后约 3 年仍然保持良好。

3.4.5 内涂覆管道的其他例子

(1) 一条 4.8km 的化学流液管线，9 年来情况良好；另一条海底管线，内涂 5 年至今运行良好；

(2) 化工厂或造纸厂的厂内管线，食品和饮料线，如热葡萄糖液或热液体管道；

(3) 电站一高速水管道，直径从 75～900mm 不等；

(4) 机场燃料油系统管道，一段一段喷涂，要求涂料通过相关认证，不得造成胶质状沉淀；

(5) 码头管道——石油、盐水和汽油；

(6) 石油管线；

（7）盐水和淡水管线——自然盐水和热盐水；

（8）有效地阻止了石蜡的沉积；

（9）污水和废液管线；

（10）厂内化学品管道；

（11）油田注入管线。

3.4.6 石蜡沉积

使用内覆盖层降低石蜡的沉积可解决石油管线的结蜡问题。例如，一条直径 300mm 的石油管线在内涂 5 年和 10 年后进行检测，没有观察到石蜡的沉积，许多管道操作者也都有类似的报告。

3.4.7 沥青内涂的沉渣影响

从长期实际使用来看，在一些特殊领域，如水工业，在从沥青向环氧涂料的转变之间，人们似乎比较犹豫，然而，沥青涂料确有不足之处，它的热塑性在某些情况下就是一个缺点；内衬抗清管器的机械摩擦性能差；覆盖层较厚；沥青层上的沉积严重——它的柔软性使其中的有机物或无机物易于沉积。

现在人们也相信，沉渣的形成对管道输量的影响远比从外观推测要大得多，进一步调查表明，对这种情况却不能找出真正潜在的原因，很可能在这种流动环境下，沉渣会变形，增大粗糙度，但是除了从照片上看到的这种影响外，实际应用还没有证据。

这种效应造成的管输量下降所带来的经济影响是非常严重的，如果管道在设计阶段就考虑输送能力的降低，则初期投资成本将增加约 40%。因为环氧涂料能有效保持流动效率，也就是说用它取代沥青后能避免清管的需求。

3.4.8 耐浆体磨损

管道可运输各种固体，包括矿浆、沙子、污水、煤粉和泥浆，有关方面曾对不同的管道涂料进行随意但严格的试验测试，以检测涂料的耐磨损性。

将一圆柱木桶安装在转速约为 1500r/min 的转子上，测试板装在木桶上，所有装置一直浸在 20%的硅酸盐磨料悬浮液中并保持旋转，这种悬浮液每周都进行更换，因此试验板在这种液体中的测试是比较苛刻的，一年后由角到边至整个板出现了腐蚀，通过改变试验方法，可能会避免这种情况的发生。

这种测试显示一些环氧涂料的全面的磨蚀，而有些涂料却能保持涂膜的完整，就是说具有非常好的耐磨损性能。

另有很典型的例子就是麦芽钢罐环氧内衬，带有很强磨蚀性的麦芽与水的混合物喷流，一些高性能涂料一年后被破坏了，但特殊环氧涂料能用到 10 年。

3.4.9 煤浆管线

浆料管道比其他运输方式，如卡车或火车具有明显的优势，同样具有经济性。浆料管道也是可靠的，因为不受恶劣气候，如暴风雪或低温的影响，并且由于一定程度的自动操作，人工劳动相对减少，也开辟了输送能源新技术的开端，那就是远距离高容量煤浆管线，其中内外防腐保护应是一个必须考虑的因素。

3.4.10　固体的运输

研究表明，对于固体（如谷子、硫黄、钢铁和铝）也可用管道进行运输，将固体装在直径比管径稍小的密封舱中，用油、水或其他一些液体作为运输载体。浆料已经广泛采用管道运输，而密封舱技术则是对固体运输的一项新的技术革新。水是最有可能的载体，它体现出对内覆盖层的基本要求是坚硬、附着力极好的特性。

有内覆盖层的浆料管道的成功先例很多，但在固体运输领域却没有涉及，这一技术仍处在初级阶段。

不过在装运焦炭、沙子、面粉及其他细粉末的供料斗（hopper）和筒仓（silo）的内壁采用一些特殊的涂料，能明显地保持产品纯度，而且内覆盖层有助于粉末的流动，阻止胶质状沉淀，这在实际运用中已得到了完全证实。

因此，考虑固体的管线运输时，可以气体、液体和固体的运输经验为基础，进行合理的推断。如果固体运输依靠液体流动，装在密封舱中进行，那么迄今为止所有的经验都适用于这种固体运输方式。

其他详细细节在早期的论文中都有过讨论。

3.4.11　密封舱运输

这种密封舱运输的概念已在格鲁吉亚矿石运输上被开拓利用，管线长为 2km，使用压缩空气代替水作载体，以 30km/h 的速度驱动总重为 25t 的六轮容器的流动，现在有关方面已决定将此管线延长 50km，到达一个生产钢筋混凝土的构件厂。

1972 年，据苏联专家称，他们设计了一条管线，依靠水作载体，将煤包封在金属容器中从矿区运到工厂，这样的第一条管线将会建在乌克兰。据说这种新方法比现在使用的煤和水的混合物运输成本要便宜许多。例如，泵动力降低达 65%之多，且消除了煤的运输损失，其中煤是装入有特殊措施的密封容器里。

有文章说，对城市固体垃圾的长距离运输管线，采用四种不同的技术进行过有趣的研究，试验结果表明，尽管仅仅从成本出发，这种长输固体管线目前没有一个方案具有市场价格竞争力，但最有可能的方案就是用水作载体来驱动容器运动。

当长距离运输时，这种密闭输送系统与卡车相比有许多优势，没有排气污染、将有毒物质与公共场所隔离、减少了失窃的机会。一旦管道铺好后，维护费用就很少了。这种方法在运输矿物时也似乎比直接气动运输系统要更好。

为了实现管线的最优化，在对浆料的水压特性研究的同时，对出现的其他问题也在进行研究，如固体颗粒间的摩擦、管道自身的腐蚀和磨损、颗粒的大小和形状、浆液的化学成分和稳定性——产生和分解出的气体能加速腐蚀。水泵一定不能形成涡流，并避免压力的急剧变化。

通过对密封舱运输固体方法的试验和研究，可以很清楚地表明，如果这种技术在商业上能被广泛接受，那么涂料将会在其中发挥巨大的作用。首先，管道内覆盖层将减少摩擦，避免腐蚀及长期可能的磨蚀；其次，任何金属密封容器外涂料具有同样的作用；第三，管道外进行防腐保护的坚硬、有弹性的涂料也有优势；第四，密封舱内表面也要求进行保护。

3.4.12 薄膜涂料

为适应各种需要，产生了多种不同类型的薄膜涂料，根据管道运输的要求，这些涂料均要求进行喷砂预处理。

3.4.13 耐磨性的海水清淤（sea dredging）测试

在对耐磨性要求较高的地方，可以应用特殊环氧型高耐磨外覆盖层。

荷兰海牙城市委员会对外层涂有不同涂料的 10km 污水管线进行了海水清淤测试，结果如下：

传统的和煤焦油环氧覆盖层的磨损率为 60%～100%。

特殊耐磨环氧覆盖层的磨损率只有 7%～9%及轻微的刮痕。

3.5 新的发展

改性环氧煤焦油是一种发展趋势，其重点在高成膜快速固化涂料，将覆盖层的层数和固化时间减少到最少。所有的外涂覆层必须适应于阴极保护技术要求。

3.5.1 热喷环氧覆盖层

这种单层高成膜，相对固化较快的涂料系统是作为覆盖层/设备外表面的一种完美的选择，应用时，将管道预热约 80℃，去除表面湿气和加速固化，很容易达到 300～400μm 或更厚的涂膜，这实际上是一个最经济的涂膜厚度。

3.5.2 热喷覆盖层

实际上涂料的两种组分是在不同的容器中分别加热至约 50～70℃，降低黏度，使用计量器把每个组分的精确配比分别通过不同的加热管，在喷涂开始前再进行混合，这样适用期较短（温度较高时为几分钟），不会有任何问题。

市场上有各种喷涂设备，大部分为空气助喷，近七年来，开始出现了热喷涂，主要用于一些通用工业及船舶的特殊用户，相对采用较少，其主要的原因可能是缺少成功的应用实例及有经验的施工人员，不过现在这两方面都不成问题。热喷涂确实具有以下一些主要优势：

（1）没有溶剂——对操作人员没有任何健康危害或不适；

（2）没有着火或爆炸危险（例如：对热喷罐的外表面进行焊接）；

（3）没有污染；

（4）喷涂完成后即可移开通风设备；

（5）喷涂一道即能快速达到膜厚要求，降低了劳动成本；

（6）耐候性强，不会因为有溶剂而对涂膜造成损害；

（7）施工时受低温和高湿度限制放宽；

（8）固化快，如在 20℃时，约 3d 固化；

(9) 喷涂一道能成厚膜为 300～400μm，甚至很容易成 1000μm，且没有流挂。

3.5.3　热喷覆盖层性能

这种覆盖层的典型性能如下：

膜厚：400～800μm	肖氏硬度：80D
相对密度：1.16	冲击强度：882.63～1078.77kPa
耐高温：60～110℃	耐磨性：30mm^3
耐低温：−40℃	电阻率：10^{13}Ω·cm
弯曲强度：58.84MPa	击穿电压：1000V/100μm
拉伸强度：39.23～49.04MPa	耐化学性：耐多种化学品及溶剂
延展性：39%	

3.5.4　高固体分涂料

另一种无溶剂高固体分喷涂涂料，具有快速干燥性能，其典型特性指标如下：

膜厚：400～1200μm	肖氏硬度：80D
相对密度：1.1～1.3	冲击强度：1.471～1.569MPa
耐高温：50～100℃	耐磨性：13～14mm^3
耐低温：−40℃	电阻率：10^{16}Ω cm
弯曲强度：98.07MPa	击穿电压：> 1500V/100μm
拉伸强度：58.84～68.65MPa	耐化学性：耐多种化学品及溶剂
延展性：6%	

3.5.5　微生物腐蚀

众所周知，细菌也是对埋地管道腐蚀的一个不可忽略的因素，据美国国家化学试验室提供的数据表明，在出现问题的埋地金属管道中几乎有一半的失败是缘于微生物的影响。

细菌腐蚀是由 Von Wolzogen Kuhr 于 1937 年首次提出的，它对埋地较浅、土质较差的铸铁管道进行了图解说明，提出了细菌引起腐蚀的概念，在这种土壤中细菌活动形成破坏性的电生化过程（或生物电化学过程）。

因此要求使用一种强度高、有弹性、附着力好的涂料，在大部分情况下，管道外覆盖层必须适应阴极保护，否则涂膜会起泡和剥离。

3.5.6　环氧涂料的发展

目前，液体环氧涂料的防腐有效性及经济性，已被大家所认同，取得了稳固的地位，随着环氧涂料的不断发展，环氧涂料渐渐从低固体含量（如体积比为 40%～50%），向高固体含量（如 75%）发展，即现场固化的热固性环氧粉末涂料。

3.5.7　环氧粉末涂料的优点

该类型涂料的优点简单概述如下：

(1) 没有溶剂

没有溶剂载体的浪费；没有溶剂着火危险，预防要求低；没有大气污染；降低了对健康的危害；不可能因残留溶剂而影响干膜性质；通风要求降低；不需调节黏度。

（2）单层涂膜

成膜厚，使用均匀，尤其是使用静电喷涂时。

3.5.8 环氧粉末涂料的应用

环氧粉末涂料是管道外薄膜涂料的另一选择，在美国作为单层覆盖层涂料应用已有很多年了。

通常使用时管道经喷丸处理，预热约 260℃，将管道送入复合喷枪粉末喷涂室，使用的粉末经特殊配方，当喷涂时管道温度仍有 240℃，在 30s 之内固化，管道经水冷却后即可运输。

覆盖层约 250μm，但关于是否先用一层液体底漆涂料问题上，一直有两种不同意见。在美国，目前粉末涂料在大口径管道上似乎用得比小口径管道上要少，阿拉斯加管道是近来管道粉末外涂料应用的一个主要实例。

这种特殊的管道粉末外覆盖层的特征是：柔韧性——允许弯曲；与需厚膜涂料相比，质量较轻，从而降低了相关成本；抵抗在管道敷设或顶进及后续土壤回填的应力；由于膜的完整性好对阴极保护的电流要求很小。

据现有反馈的应用例子来看，在管道运输和施工期间的管道环氧粉末外覆盖层具有非凡的抵抗力，保护电流需求量非常小，各承包商和用户的总的评价是良好的。

环氧粉末涂料同样适用于内涂，因其内涂所需涂膜较薄，能在常温下应用，并能在150～200℃间快速固化。

第 4 章　内涂层减阻技术原理及工艺计算

输气干线耗用能源非常之大，1m 口径的输气管道，一座压气站主机轴功率约 18MW 左右，年耗燃料气约 $4500\times10^4m^3$，相当一个中小城市的民用气量，因此，节约燃用天然气，以降低市场天然气价格是输气管道事业的一个极其重要的课题。

减少输气管道耗能的途径有二：一是在设计阶段优化管道的管径、工作压力与压比的选择，并且相应地优化压气站的设置及主机设备的选择；二是减少管道的摩阻损失，也即减少输气所需压力。

当前减少输气管道摩阻损失的唯一办法是在管道内表面施加减阻内覆盖层。

减阻内覆盖层的直接作用是减少输气压力，同时也引起了输气量与输气所需功率的变化。可以说减阻内覆盖层的作用是可在保持既定的管径与输气量条件下，减少全管道压气站总功率；或者在已定的全管道总功率及管径条件下，增加管道的输气量。总而言之，减阻内覆盖层的作用就是增加管道的输送效益。对于大口径管道，这个效益十分巨大。

为了定量研究内覆盖层的作用，我们必须了解输气管道输气量、输气压力与所需功率等参数之间的关系，还应了解管道无内覆盖层时，在各种状况下，内表面的绝对粗糙度。

工程上定量分析内覆盖层作用的目的在于评估内覆盖层的经济性。这就需要分别计算无内覆盖层与有内覆盖层两种情况下，输送量、输送压力与所需功率等参数的数值。

4.1　输气量与输送压力的计算公式

长距离输气管道在稳定输送状态下，管道输送所需压力主要用于克服管道摩阻损失与流速增大所引起的压降。输送量、输送压力与其他各参数间存在一定的函数关系。计算公式随地形条件差异而不同。

4.1.1　平原地带

输气管道任意两点间的相对高差小于 200m，在稳定输送状态下，管道输送量与管道起、终点压力的函数关系如式（4-1）：

$$Q=C\sqrt{\frac{(P_1{}^2-P_2{}^2)D^5}{\Delta ZTL\lambda}} \tag{4-1}$$

式中：Q——标准状态下的体积流量，m^3/s；

C——常数，按此处所取各参数单位时，C 值为 0.3846（$m^2\cdot K^{0.5}\cdot s\cdot kg^{-1}$）；

P_1，P_2——计算管段起点、终点压力，Pa；

λ——水力摩阻系数；

D——管道内直径；

L——管道计算长度；

Δ——天然气相对密度；

T——管道中天然气平均密度，K，按下列公式计算：

$$T=T_0+\frac{T_1-T_0}{\beta L}(1-e^{-\beta L}) \tag{4-2}$$

$$\beta=\frac{K\pi D_0}{GC_P} \tag{4-3}$$

T_0——管道埋设处土壤温度，K；

T_1——管道起点天然气温度，K；

β——计算常数；

K——管道总传热系数，W/(m² · K)；

D_0——管道外直径，m；

G——天然气质量流量，kg/s；

C_P——天然气定压比容，J/(kg · K)；

Z——管输平均压力与平均温度下天然气压缩系数，按苏联全苏天然气研究所提出的公式，对干燥天然气有：

$$Z=\frac{100}{100+0.117P^{1.15}} \tag{4-4}$$

$$P=\frac{2}{3}\left(P_1+\frac{P_2^2}{P_1+P_2}\right) \tag{4-5}$$

式中：P——天然气平均压力，10^5Pa。

4.1.2 地形起伏较大地带

当输气管道沿线任意两点高差大于200m，则按式（4-6）～式（4-7）计算输气量。

$$Q=C\sqrt{\frac{[P_1^2-P_2^2(1+\alpha\Delta h)]D^5}{\lambda\Delta ZTL\left[1+\frac{\alpha}{2L}\sum_{i=1}^{n}(h_i+h_{i-1})L_i\right]}} \tag{4-6}$$

$$\alpha=\frac{2g\Delta}{ZR_BT} \tag{4-7}$$

式中：Q、P_1、P_2、D、λ、Δ、Z、C、T、L（L表示某段长度）意义同式（4-1）；

R_B——空气气体常数，标准状态下为287.1m/s²；

Δh——计算段终点对起点的高程差，m；

g——重力加速度，9.81m/s²；

h_i，h_{i-1}——各计算段终点与起点的高程，m；

n——计算段的分数段。

4.2 摩阻系数λ的确定

4.2.1 天然气输送管道的流态

天然气输送管道一般出现两种流态：部分紊流和完全紊流。在部分紊流流态下运行的管线不需要内涂层来提高管输效益。在该流态下，一种与管壁相邻的层流底层将流体紊流核心裹在中间。这个层流底层起着天然涂层的作用，使气体同管子不光滑内壁相隔开。这样，管子内壁粗糙度对流动性的影响是微不足道的。只有像环状焊缝、弯头、接头及所携带的特殊物质等拖拽阻力诱发因素可以影响部分紊流流态的流动性，所以对于在部分紊流流态下运行的管道，内涂层并不是经济有效的选择。

与部分紊流流态不同，完全紊流的流动同时被内壁粗糙度和上面提及的拖曳阻力形式所影响。在该流态下，气体流速通常高到足以导致整个管子横断面的完全扰动，因而层流底层（在部分紊流情况下出现的）将不再存在了。这样，流体的紊流核心迅速扩展，这就使气体承受了由于管壁表面状况而引起的附加拖曳阻力。因此，在完全紊流流态下的管输的低效性可用一个运行粗糙度（或称有效粗糙度）表示。它反映了管壁摩阻和由于其他阻力因素，如环状焊缝、弯头、接头、携带物所引起的摩阻的综合。在完全紊流状态下运行的管道是内涂层最合适的应用对象。

众所周知，干线输气管道因其管径大，流速较高，基本上都是处于完全紊流的“阻力平方区”运行。显然施加内涂层是提高干线输气管道输送效率的极其有效的手段。就此，不少研究者通过试验现场实际数据做了大量深入的研究，很多成果已经公开发表。简要归纳起来，对完全紊流区而言大体有以下几点结论：

（1）内涂层导致的摩阻系数缩减率随雷诺数的增大而增大，随管径的减小而增大；

（2）雷诺数越大，管径的影响越小；

（3）摩阻系数在雷诺数 105～107 之间变化最大；

（4）内涂层若能使表面粗糙度减小 90%时，可使输气管道摩阻系数减小多达 33%，使输送量提高 24%。

以上是干线输气管道内涂层减少流动摩擦阻力、提高流动效率最简单的基本原理。这里关键的前提条件一是要处于完全紊流区；二是管壁表面粗糙度要有显著的减小。

4.2.2　流态的划分

流体在管道中流动的状态分为层流与紊流两大种，紊流又分为水力光滑区、混合摩擦区与阻力平方区三种。

各种流态是以雷诺数 Re 数值大小划分的。在各种流态中，λ 值的计算按紊流分类的不同，或与雷诺数、粗糙度两者有关，或只与其中之一有关。

当雷诺数 $Re<2000$，流态为层流。层流的特征是流体的边层完全覆盖了管内壁的粗糙凸起，后者不影响 λ 值。

$3000<Re<Re_1$，流态为紊流的水力光滑区。此时，流体的层流边层有所减薄，但仍能完全覆盖粗糙凸起，后者不影响 λ 值，λ 值只取决于 Re。

Re_1 为划分流态的第一临界雷诺数：

$$Re_1=\frac{59.7}{\left(\frac{2Ke}{D}\right)^{\frac{8}{7}}} \tag{4-8}$$

式中：Ke——管内壁的绝对粗糙度，m；

　　D——管内径，m。

$Re_1<Re<Re_2$，为混合摩擦区。此时，层流边层的厚度小于管内壁表面粗糙凸起高

度，边层已不能完全覆盖管内壁的粗糙凸起。λ 值不仅与 Re 有关，也与粗糙度有关。

第二临界雷诺数：

$$Re_2=\frac{11}{\left(\frac{2Ke}{D}\right)^{1.5}} \tag{4-9}$$

$Re>Re_2$，流态转变为阻力平方区。层流边层已经很薄，几乎不能覆盖粗糙凸起。λ 值完全取决于管内壁粗糙度。

输气管道中流体的雷诺数按下式计算：

$$Re=1.536\frac{Q\Delta}{D\mu} \tag{4-10}$$

式中：Q——标准状态下天然气流量，m^3/s；

Δ——天然气相对密度；

D——管道内直径，m；

μ——天然气动力粘度，Pa · s。

不同温度、压力下天然气（$\Delta=0.6$）的动力粘度值见表 4-1。

不同温度与压力下天然气（Δ=0.6）的动力粘度（单位：10^{-5} Pa · s）　　表 4-1

绝对压力（$\times10^5$Pa）	温度(K)			
	283.3	288.9	294.4	300
34.47	1.1016	1.1156	1.1297	1.1431
41.37	1.1176	1.1276	1.1417	1.1551
48.26	1.1357	1.1497	1.1637	1.1761
55.16	1.1667	1.1797	1.1937	1.2051
62.05	1.1958	1.2078	1.2208	1.2311
68.95	1.2338	1.2428	1.2538	1.2621

4.2.3　摩阻系数 λ 的计算

输气管道内流体的雷诺数 Re 高达 $10^6\sim10^7$，是输油管道的 10 ～100 倍。输气干线管道的流态一般都为阻力平方区，不满流时为混合摩擦区，城市配气管道则为水力光滑区。

因此，对于输气干线管道水力计算只需要适用于紊流混合摩擦区与阻力平方区 λ 值的计算公式。

λ 值的计算公式多是通过理论推导及试验研究相结合所得。经过前人的工作，得出许多针对不同情况的摩阻系数计算公式。

针对输气干线管道水力计算，卡列布鲁克（Colebrook）公式是比较适用的计算公式：

$$\frac{1}{\sqrt{\lambda}}=-2.01\lg\left(\frac{2.51}{Re\sqrt{\lambda}}+\frac{Ke}{3.7D}\right) \tag{4-11}$$

式中：Re——雷诺数；

Ke——绝对粗糙度，m；

D——管道内直径，m。

式（4-11）包含了 Re 与 Ke 两因素，在 Re 不是很大（$10^4\sim10^6$）的情况下，Re 与 Ke 共同决定 λ 值；随着 Re 值的逐渐增大，也即流态向阻力平方区的过渡，式（4-11）括弧内第一项数值将越来越小，直到 λ 值只取决于第二项，即 Ke。这就符合在混合摩擦区 λ 值取决于 Re 与 Ke 两者，在阻力平方区则只决定于 Ke 的规律。这意味着，式（4-11）可随着流体雷诺数 Re，也即流态的变化，适用于紊流混合摩擦区或阻力平方区的 λ 值计算。式（4-11）为隐式方程，需用逼近法求解 λ 值。

由北京大学与中国石油天然气集团公司工程技术研究院所做的实测验证结论为：在雷诺数 Re 为 0.7×10^5～2.28×10^5 的范围内，通过实测取得的结果与卡列布鲁克公式计算结果基本一致。因此，在此范围内试验室试验证实了使用卡列布鲁克公式是正确的，由此推测该公式也可用于极高雷诺数的情况。

现行国家标准《输气管道工程设计规范》GB 50251—2015 推荐在输气管道水力计算中使用卡列布鲁克公式。输气管道工程设计中广泛应用的 TGNET 与 SPS 软件都把卡列布鲁克公式作为供选用的计算公式。

值得注意的是，几个被推荐专用于阻力平方区的 λ 值计算公式，如苏联全苏天然气研究所提出的公式：

$$\lambda=0.067\left(\frac{2Ke}{D}\right)^{0.2} \tag{4-12}$$

对于无内覆盖管道，按式（4-12）计算阻力平方区的 λ 和卡列布鲁克公式计算结果比较接近。但对于有内覆盖层管道，其计算结果与卡列布鲁克公式的计算结果差别很大。这是因为式（4-12）只适用于阻力平方区流态，而有内覆盖层管道的流态已不属于该区。

4.3　管内壁粗糙度的取值

λ 值是计算输气量、输气压力与输气功率的基础数据。而管内壁绝对粗糙度 Ke 则是计算 λ 的关键数值。对于输气管道工程设计它是必须事先确定的数据。它对于评估内覆盖层的经济性更是至关重要。

管内壁绝对粗糙度 Ke 是一种难以用机械测量方法准确测量的数值。一方面它是高低参差不齐的极其微观的几何量，而且对于工程计算又必须将沿管道长度的不同几何量，以及焊缝、管件等产生的粗糙作用综合考虑在内，作为水力计算用的绝对当量粗糙度。

通常最有效确定当量粗糙度的方法是按照所采用管子的情况，根据经验数据设定 Ke 值。经验数据则是对已建成输气管道实测的流量与压力等参数值经核对与修正所得。

管子绝对粗糙度应是随管型（无缝管、直缝管与螺缝管）、管子的新旧程度以及管道的使用状况而异。许多国家在手册与文献中提出不尽相同的管子内表面绝对粗糙数值。

另外，在美国管道设计工程实践工作委员会 1975 年发表的报告中给出的管道内壁绝对粗糙度的数据见表 4-2。

管道内壁绝对粗糙度 k 值　　**表 4-2**

管道条件	k(mil)
新的干净裸管	0.5～0.75
在大气中暴露了 6 个月以后	1.0～1.25
在大气中暴露了 12 个月以后	1.5

续表

管道条件	k(mil)
在大气中暴露了 24 个月以后	1.75～2.0
经喷砂或喷(抛)丸过的钢管	0.2～0.3
用清管器擦光的钢管	0.3～0.6
环氧或丙烯酸树脂内涂层钢管	0.2～0.3
铜管	0.1～0.2
玻璃管	0.035～0.050

注：1mil=25.4μm。

据介绍的俄罗斯和美国的绝对当量粗糙度取值见表 4-3 和表 4-4。

俄罗斯气体管道绝对粗糙度的估计值 **表 4-3**

管子的种类	管子的状况	绝对粗糙度(平均值)(μm)
无缝钢管	新面清洁	10～20(14)
无缝钢管	使用数年后	15～30(20)
焊接钢管	新面清洁	30～100(50)
焊接钢管	轻微腐蚀，经清理	100～200(150)
焊接钢管	中等锈蚀	300～700(500)
焊接钢管	旧而生锈	800～1500(1000)
焊接钢管	严重生锈	2000～4000(3000)

美国气体管道绝对粗糙度的估计值 **表 4-4**

管子条件	粗糙度(μm)
新的干净裸管	12.7～19
在大气中暴露了 6 个月以后	25.4～31.8
在大气中暴露了 12 个月以后	31.8
在大气中暴露了 24 个月以后	44.4～50.8
喷砂处理过的钢管	7.6～12.7
用清管器清过的钢管	5.1～7.6
用环氧或丙烯酸内涂后的钢管	7.6～12.7

1975 年第一届国际管道大会介绍的绝对当量粗糙度取值范围见表 4-5。

涂敷和未涂敷管道的绝对粗糙度选择 **表 4-5**

管子条件	粗糙度(μm)
新管(涂敷沥青后)	10～20
新管裸管	40～100
沥青、较松散	80～100
轻微结壳	100～200
用过的管子清扫后	100～200
全部锈蚀	150～400

续表

管子条件	粗糙度(μm)
中度结壳	500～1000
重度结壳	1000～3000
氯化橡胶涂层	7
双组分聚氨酯	1

另据 1995 年 ASME 管线技术会议和 1994 年美国油气杂志介绍，NOVA 天然气输送有限公司系统设计部门在 1985-1992 年间采用的涂敷和未涂敷新管子绝对当量粗糙度的取值分别为 10.2μm 和 16.5μm。到 1993 年，NOVA 公司对天然气管道的进一步研究结果表明，涂敷内涂层后的管子绝对当量粗糙度为 6.4μm，新的裸管绝对当量粗糙度的代表值为 19.1μm，没有内涂层的管道在铺设前内表面即发生严重的恶化。图 4-1 为管子的储存时间与有效粗糙度之间的关系，暴露一年后粗糙度达到 36μm。而且早在 1956 年和 1965 年，Theis W T 和 Uhl A E 的研究就发现，裸管在运行期间每年绝对当量粗糙度还要增加1～4μm，而加内涂层后管道的绝对当量粗糙度基本不变。因此，NOVA 公司在 406mm 以上的干线管道有 76%使用了内涂层。

据伯克特工程公司（BECHTEL）介绍，管道设计中绝对粗糙度一般取值为 46μm；意大利 SNAMPROGETTl 公司给出的内表面粗糙度的预计值为 50μm。英国 PLT 工程有限公司在 1988 年的资料中介绍，国外商用管线的绝对粗糙度典型值是 45μm。

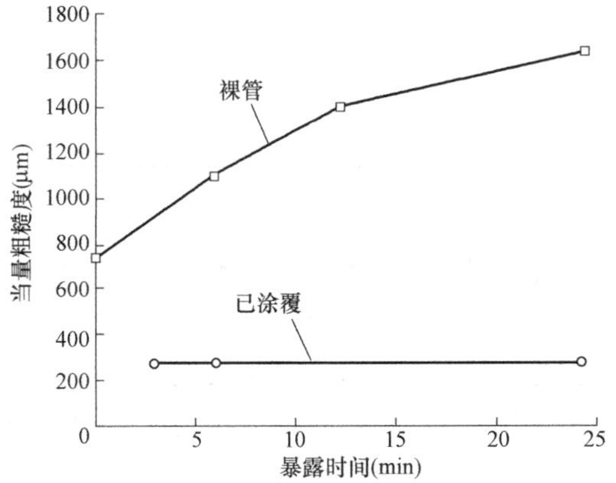

图 4-1　储存期间管子粗糙度随时间变化

由于过去国内长输天然气管道粗糙度的取值一直按美国标准取 20μm，因此，国内各管厂的质量技术检验部门也就没有检测管内壁表面粗糙度这一指标，目前从各管段调研的管内壁粗糙度来看（表 4-6），大多数是指制管用钢板板材的表面粗糙度，与真正意义的管子绝对当量粗糙度还有一定的差距。

算例分析：针对 SJ 输气管道，根据 2000 年 1 月 15 日和 25 日的现场实际数据，试图反推一管道的粗糙度。这两天输气量较大，基本接近管线的设计输量。

国内各管厂钢管内表面粗糙度 **表 4-6**

管厂名称	新管裸管(μm)	搁置半年管(μm)
BJ	25	50(气候干燥有浮锈)
		100(气候潮湿有锈斑、麻坑)
LY	12.5	25
SS	25	有浮锈,粗糙度无明显变化
ZY	参照《石油天然气输送管用热轧宽钢带》GB/T 14164—2013	—

2000 年 1 月 15 日数据:

管段 A-B;输量:496.162×104m³/d;A 站出站压力:4.42MPa;B 站出站压力:4.09MPa;地温:3～5℃;A 站进口温度:16.8℃;B 站进口温度 2.26℃;长度:100km;标高:A 站标高 1324m,站间某点标高 1036m,B 站标高 1185m;与空气相对密度:0.6,密度:0.72kg/标准;水露点:－25C。气体成分及所占比例见表 4-7。

气体成分与所占比例 **表 4-7**

气体成分	所占比例
CH_4	94.8%
C_2H_6	0.77%
CO_2	4.14%
N_3	0.13%
iC_4	0.01%
nC_4	0.01%
nC_5	0.01%
C_6^+	0.01%

2000 年 1 月 25 日数据:

输量:538.8448m³/d;A 站出站压力:4.38MPa;B 站进站压力:4.09MPa;A 站进口温度:12.9℃;B 站进口温度:1.6℃;其他参数与 1 月 15 日相同。

计算原则:把下游进站压力设为未知数,其他数据取上述实际值,通过代入不同的粗糙度计算一下游的进站压力,当计算的下游进站压力与实际相吻合时,此时代入的粗糙度即为实际的管道绝对当量粗糙度。模拟软件为 TGNET 软件。

模拟结果:SJ 管线 2000 年 1 月 15 日数据,当代入粗糙度 40μm 时,计算的下游进口压力为 4.076MPa,与实际的 4.09MPa 基本吻合,因此,此时的绝对当量粗糙度应为 40μm 左右。

SJ 管线 2000 年 1 月 25 日数据,当代入粗糙度 40μm 时,下游进站压力的计算值为 3.957MPa,与实际的 3.96MPa 基本吻合,因此此时的粗糙度应为 40μm。

综观国外天然气管道的绝对粗糙度取值,我们发现苏联天然气工业部出版的《干线输气管道设计规范》中无内涂层的整体管子绝对粗糙度的取值为 0.03mm,美国和加拿大输气管道虽然新管粗糙度取 0.02mm,存贮一年后其粗糙度达到 0.0318mm 以上,但是在新建的联盟管道中裸管粗糙度取 40μm。我国的《输气管道工程设计规范》GB 50251—2015

中没有给出绝对粗糙度的取值规定，而在《输油管道工程设计规范》GB 50253—2014 中规定直径 400mm 以上的螺旋焊管绝对粗糙度取 0.10mm。

通过实际计算，发现 SJ 输气管道在接近设计输量时，管线的绝对粗糙度为 40μm 左右，而且当达到设计输量时，管道的绝对当量粗糙度还会比 40μm 略大，此值与欧洲一些国家的资料与刊物和会议所发表的绝对粗糙度取值为 45μm 基本吻合，与最近建设的联盟管道取值也基本相符。因此认为裸管粗糙度取 45μm 与实际比较符合。而施加内涂层后管路的粗糙度一般为 7μm 左右，最大值也不会超过 10μm。

从以上数据可以明确有内覆盖层的管子其绝对当量粗糙 Ke 可以取在 10μm 以内。裸管如果在大气中暴露时间较长，应根据其锈蚀情况确定其 Ke 值。

虽然有的资料建议干净裸管 Ke 值取在 20μm 以内，但考虑到裸管管道在使用期间有沉积物与锈蚀出现的可能，裸管 Ke 值不宜选在 20μm 以内。一般情况下，对于干净裸管的管道 Ke 值，按照前述影响管子 Ke 值的因素，在 30～40μm 内取值应是合理的。

4.4 输气功率

输气管道输气成本的重要部分是压气机的动力消耗费用。动力消耗根据压气机的功率计算。压气机功率主要决定于输气量、输气压力和机组效率。正如前面提到的，在一定管径与输气量条件下，输气压力主要取决于摩阻系数 λ 数值。而减阻内覆盖层则是减小 λ 值的有效措施。因此，压气机功率的减小是体现内覆盖层经济性的重要方面。

离心式压气机轴功率按下式计算：

$$N=9.807\times10^{-3}Q\frac{m}{m-1}RZT_1\left[\varepsilon^{\frac{m}{m-1}}-1\right]\frac{1}{\eta} \tag{4-13}$$

式中：N——压气机轴功率，kW；

T_1——压气机进口气体温度，K；

R——气体常数，(kg · m)/(kg · K)；

Z——气体平均压缩系数；

ε——压比，$\varepsilon=\dfrac{P_1}{P_2}$；

η——压气机效率；

m——气体比热容比，$m=\dfrac{C_P}{C_V}$，C_P为定压比热容，C_V为定容比热容；

Q——标准状态下的体积流量，m^3/s。

4.5 减阻内覆盖层的经济效果

输气管道出现的两种流态——混合摩擦区和阻力平方区中，前者的摩阻系数又与管内壁相对粗糙度 $2Ke/D$ 与 Re 有关，后者的 λ 值只取决于相对粗糙度 $2Ke/D$。而内覆盖层的作用就是大大减小管内壁的绝对粗糙度，从而减小了摩阻系数 λ 的数值。

在输送量式（4-1）、式（4-6 ）和压气机轴功率式（4-13）中，影响输送量 Q、输送压力 P_1（P_2）及压气机轴功率 N 数值大小的许多因素中，D、L 为所计算管道的给定值，

Δ、Z、T 是天然气本身物性和输送过程中表现的特征。它们都不是主动影响 Q、P_1（P_2）和 N 数值的因素。从式（4-1）可知，唯一能影响 Q，P_1（P_2）数值的因素是水力摩阻系数 λ。从式（4-13）可知，λ 可以因 P_1（P_2）的变化，间接影响压气机轴功率 N 的数值。

4.5.1 内覆盖层与输送量、输送距离的关系

在管道的工作压力、输送距离及其他因素不变的情况下，由式（4-1）和式（4-6）可以得到有内覆盖层与无内覆盖层管道输送量的关系式：

$$Q'=\left(\frac{\lambda}{\lambda'}\right)^{0.5}Q \tag{4-14}$$

同样，在输送量、工作压力等因素不变的情况下，从式（4-1）和式（4-6）可以得到两种管道的输送距离的关系式：

$$L'=\frac{\lambda}{\lambda'}L \tag{4-15}$$

式中：Q、L、λ 分别为无内覆盖层管道的输送量、输送距离与摩阻系数；Q'、L'、λ' 为有内覆盖层管道相应数值。

由北京大学与中国石油天然气集团公司工程研究院所做试验，对两种不同内覆盖层管子与无内覆盖层管子的 λ 值（用卡列布鲁克公式计算）进行了对比。

所取管子规格为 D=1118mm×16mm、Re=4.32e107。三种管子的绝对粗糙度与摩阻系数 λ 值数据见表 4-8。

三种管子的 λ 值 **表 4-8**

管子类型	绝对粗糙度(μm)	摩阻系数 λ
EP-99 减阻耐磨涂覆管	5.5	0.00763
8701 普通涂覆管	6.7	0.00794
无内涂覆盖层管	45	0.01032

从表中数据可得：EP-99 涂覆管与无内涂覆盖层管相比，λ 值减少 26.07 %；8701 涂覆管与无内涂覆盖层管相比，λ 值减少 23.06%。据此数据，从式（4-14）与式（4-15）可得：采用 EP-99 涂覆管与 8701 涂覆管，输送量可分别增加 16.3%与 14%，输送距离可分别增加 35.2%与 29.9%。

4.5.2 内覆盖层与压气机功率的关系

压气机功率大小是输气管道输送成本高低、压气机组设备投资多少的关键。动力耗费（燃气或电力）是输气成本的主要构成。因此，努力降低输气管道压气机组功率是降低输气成本、提高管道效益的重要途径。

由管道流量式（4-1）可得出平原地带管道压力与摩阻系数的关系式：

$$\frac{P_1^2-P_2{'}^2}{P_1^2-P_2^2}=\frac{\lambda'}{\lambda} \tag{4-16}$$

以 P_1^2 除上式左端分式的分子与分母，经整理可得有内覆盖层管道的压比为：

$$\varepsilon'=\frac{P_1'}{P_2'}=\left[\frac{1}{1+\frac{\lambda'}{\lambda}\left(\frac{1}{\varepsilon^2}-1\right)}\right]^{1/2} \tag{4-17}$$

对地形起伏较大地带，从式（4-16）可得：

$$\frac{P_1^2-P_2'^2(1+\alpha\Delta h)}{P_1^2-P_2^2(1+\alpha\Delta h)}=\frac{\lambda'}{\lambda} \tag{4-18}$$

同上，以 P_1^2除上式左端分式的分子与分母，经整理可得有内覆盖层管道的压比为：

$$\varepsilon'=\frac{P_1'}{P_2'}=\left[\frac{1+\alpha\Delta h}{1+\frac{\lambda'}{\lambda}\left(\frac{1+\alpha\Delta h}{\varepsilon^2}-1\right)}\right]^{1/2} \tag{4-19}$$

从式（4-13 ）可得出有内覆盖层与无内覆盖层管道压气机轴功率之比为：

平原地带

$$\frac{N'}{N}=\frac{\varepsilon'^h-1}{\varepsilon^h-1}=\frac{\left[\frac{1}{1+\frac{\lambda'}{\lambda}\left(\frac{1}{\varepsilon^2}-1\right)}\right]^{h/2}-1}{\varepsilon^h-1} \tag{4-20}$$

地形起伏较大地带

$$\frac{N'}{N}=\frac{\varepsilon'^h-1}{\varepsilon^h-1}=\frac{\left[\frac{1+\alpha\Delta h}{1+\frac{\lambda'}{\lambda}\left(\frac{1+\alpha\Delta h}{\varepsilon^2}-1\right)}\right]^{h/2}-1}{\varepsilon^h-1} \tag{4-21}$$

式中：N 与 N'分别为无内覆盖层与有内覆盖层管道压气机轴功率，kW。

西气东输管道工程在可行性研究阶段曾采用 1016mm、1067mm 与 1118mm 三种管径分别按有与无内覆盖层两种情况拟定了 6 个方案，进行了技术经济比较，比较结果见表4-9。

从表中数据可看出，有减阻内覆盖层管子与无内覆盖层管子相比，装机功率与燃料气耗量要小，线路投资高，但压气站投资低，方案的最终权衡指标费用现值低。这说明减阻内覆盖层的经济效果十分明显。

有内覆盖层管道可以在全线设置与无内覆盖层管道所需相同数量的压气站，但各压气站的压比与压气机轴功率小于后者；也可以使每座压气站保持与无内覆盖层管道压气站相同的压比于压气机轴功率，但全线压气站数量将少于无内覆盖层管道所需压气站数量。

有与无内覆盖层的三种管径 6 个方案经济比较结果　　表 4-9

项目 \ 方案序号	1	2	3	4	5	6
管径(mm)	1016	1016	1067	1067	1118	1118
粗糙度(μm)	10	40	10	40	10	40
压气站数量(座)	18	21	12	15	9	12
装机功率(MW)	525	632	365	470	300	380
燃料气耗量($\times10^4m^3/a$)	5.40	7.01	3.94	4.88	3.24	3.73
线路投资(亿元)	205.64	201.64	226.75	222.41	246.45	241.76
站场投资(亿元)	67.50	77.13	48.54	58.89	40.61	48.24

续表

项目 \ 主案序号	1	2	3	4	5	6
年直接运行成本(亿元)	17.03	18.25	16.21	17.13	16.32	16.87
费用现值(亿元)	283.46	292.14	283.89	291.45	294.50	298.50

注：1. 有内覆盖层与无内覆盖层管子的绝对粗糙度分别为 10μm 与 40μm；
2. 各方案的输气压力皆为 10MPa，站压比皆为 1.25；
3. 管道设计输送量为 $120\times10^8 m^3/a$。

4.6　减阻内覆盖层的适用范围

内覆盖层效果的大小，显然要看摩阻系数 λ 值的减小程度。我们定义摩阻系数 λ 的减小率为：

$$\Delta\lambda=\frac{\lambda_{粗}-\lambda_{光}}{\lambda_{粗}}\times100\% \tag{4-22}$$

式中：$\lambda_{光}$ 为有内覆盖层管的摩阻系数，$\lambda_{粗}$ 为同雷诺数时无内覆盖层管的摩阻系数。从 Mody 图（图 4-2）导出管道 λ 值减小率图如图 4-3 所示。

从图 4-3 可以看出，在一定相对粗糙度下，λ 减小率随 Re 的增大而增大；在一定雷诺数情况下，$\Delta\lambda$ 随 Ke/D 的增大而增大，也即 $\Delta\lambda$ 将随管径 D 的减小而增大。

由此可知，内覆盖层在混合摩擦区的减阻作用小于在阻力平方区者，内覆盖层对小管径管的减阻效果大于大管径管，表 4-8 中方案 1（管径为 1016mm）的费用现值小于方案 3（管径为 1067mm）与方案 5（管径为 1118mm），也可说明这一点。但是由于管径越小，内覆盖层费用在管道线路工程投资中所占比重也越大，内覆盖层的减阻作用在经济上的效果将受到制约。因此，存在一个减阻内覆盖层所适用的最小管径。

以上是理论上的分析，工程上的结论需要从实际的计算与经济比较得出。

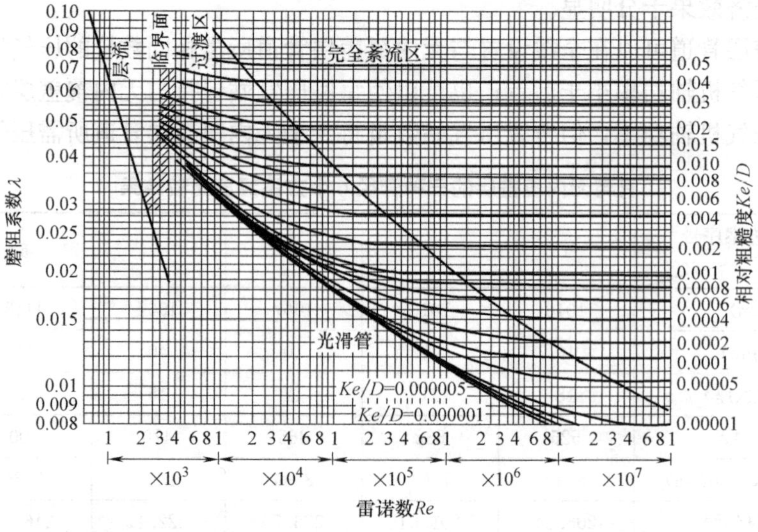

图 4-2　Mody 图（管道摩阻系数 λ 与雷诺数 Re 的相互关系）

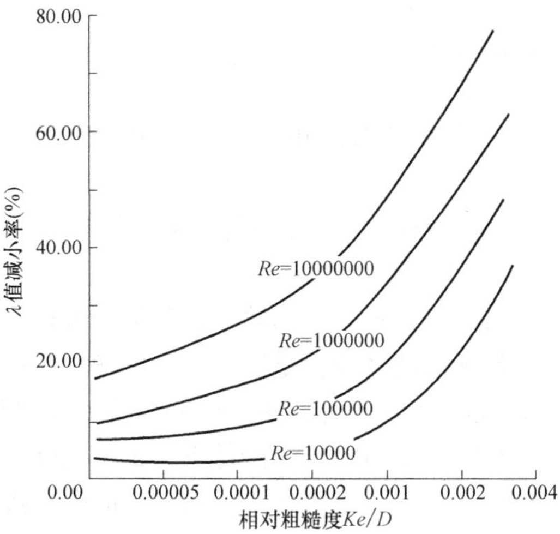

图 4-3　λ 值减小率

4.7　减阻内覆盖层的方案比较

输气管道的内覆盖层工程量较大，费用也较高，必须通过方案比较确定其在技术与经济上的合理性，方能在工程上实施。这种方案比较往往是项目经济评价的重要组成部分。

内覆盖层方案比较可以将方案相同的因素略去，不纳入方案比较内，只就各个方案的不同因素进行比较。也即对管道相同的配套系统，如通信、道路以及相同的分输系统等略去不计，在保证同样比较效果的情况下，可大大简化方案比较。

首先，应根据工艺计算对各管径方案（如果所取管径方案不止一种），分别按有内覆盖层与无内覆盖层确定所需的压气站数量与每年的动力消耗。

其次，按照工程量与经济指标计算出压气站、管道工程本身以及内覆盖层等的投资费用。以上投资费用按工程费用、其他费用及预备费用三部分计算。如果只有一种管径方案，可以不计入管道工程本身投资，各管径方案按各自所需的压气站数量、管道工程本身工程量及有无内覆盖层，分别计算统计各自的总投资（相对投资）。

输气管道的运行成本按照以下几部分计算：动力消耗费；人员工资及福利；维修费；其他费用。运行成本按年费用计算。

方案的比较方法有许多种。输气管道内覆盖层方案比较，由于各方案的效益相同，只是费用不同，比较适合采用费用现值法进行方案比较，以费用现值较低的方案为优。费用现值的计算式如下：

$$P_c = \sum_{i=1}^{n} (I + C - S_v - W)(1+i)^{-n} \tag{4-23}$$

式中：P_c——费用限值；

I——投资；

C——运行成本；

S_v——计算期末回收的固定资产余值；

W——计算期末回收的流动资金；

i——折现率，长期管道取 0.12；

n——计算期，长期管道取 20 年。

内覆盖层方案比较中，S_v与 W 因数值较小，可以忽略不计。

4.8 内涂层管道的工艺计算

众所周知，管线加内涂层后可以显著增加输量、降低压缩机的动力消耗、减少压缩机的安装功率、减少管径，所带来的经济效益是巨大的。长输大口径天然气管道加内涂层后即使输量增加 1%～2%，在经济上也是划算的。也就是说增加输量所带来的经济效益完全可以抵消内涂层的费用，在输量压力一定的条件下，也可以降低压缩机的安装功率，节约燃气消耗。其无形效益包括：延长清管周期，对储存期间管道进行防腐等。因此，国外一些著名的天然气管线都无一例外地使用了内涂层，如著名的阿意输气管道、马格里布管道，最近建成投产的加拿大—美国联盟管道等。

尽管管道施加内涂层后可以减小管道的直径，但通常不能使管道降低一个等级。因此就这一优点国外很少用到。主要是通过加内涂层来改善气体的流动特性，减少管路摩阻，从而增加输量，节约压缩机的安装功率和燃气消耗。

4.8.1 国外内涂层应用实例

某 80mile（128.7km）、直径 30in（762mm）的管线，设计压力 960psi（6619kPa 表压），500×10^3ft^3（1416×10^4m^3/d）的流动速度，应用内涂层的管子流动效率 96%，裸管流动效率 90%。全长 80mile（128.7km），压降为 140psi（965kPa 表压）的有内涂层的管线，需要压缩 500×106ft^3（1416×10^4m^3/d）的理论功率是 4320hp；采用裸管，压降是 175psi（1207kPa 表压），计算的理论功率是 5535hp（4.07×10^3kW），有内涂层的管线节省了 1215hp（894kW）。

如果节省 1200hp（883kW），节约压缩机的安装费用将是 180×10^4 美元，与功率的减少相关的将是燃料的节约，1.75 美元/ft^3（0.06 美元/m^3）的成本和 80%的载荷系数计算，每年燃料节约大约是 10.4×10^4 美元，管线内涂层预计花费 135.2×10^4 美元。

在管线的整个服役期，内涂层将不会损坏，因此，实际节约的燃气费用将在管线运行寿命期内自始至终获得效益。

如果我们假设管线长 800mile（1287km），每 80mile（128.7km）设置一个压缩站，全程共 10 个站，压缩费用的节约将是 474.7×10^4 美元，每年燃料节约将近 $10^4\times10^4$ 美元。

除了与管线内涂层相关的成本优势之外，在涂敷工厂检测管内缺陷的能力也提高了。管子光滑的内表面可以有助于管道检测人员检测管子缺陷，如裂纹、凹痕、裂片和麻坑等。很多用户认为，单单这种优点就足以证明内涂层投资是合算的。

4.8.2 内涂层增加管道输量

在影响内涂层的经济因素中，最为关键的两个因素就是流量和管道运行期间的粗糙度的变化。管道的通过能力、压缩机的安装功率、燃气轮机的动力消耗以及压缩机的布站等都直接或间接地与管道的粗糙度发生联系。

在给定管径和运行工况下，流体的体积决定气体的流态。对部分紊流的管道，由于靠近管壁边界层起着天然气涂层的作用，管子的粗糙度对流体的影响微不足道，只有焊缝、弯头以及所携带的杂质等引起的阻力，因此，对处于部分紊流的管道加减阻内涂层一般是不经济的。对完全紊流的管道，气体处于高速流动，整个管道截面都处于完全扰动，管壁处的边界层不复存在，管壁粗糙凸起与焊缝、弯头、接头以及所携带物一起构成管子的绝对当量粗糙度，从而引起很大的摩阻。这类管道加减阻内涂层后可以显著地降低管道的粗糙度，增加输量，降低压缩机的安装功率，国外这类管道基本上都使用了内涂层。

为模拟天然气管道系统，美国天然气协会（AGA）建议使用管壁的有效粗糙度来计算紊流状态下流体的摩阻。有效粗糙度的关系式为：

$$k_e = k_s - k_i + k_d \tag{4-24}$$

式中：k_e——有效粗糙度；

k_s——管壁表面粗糙度；

k_i——携带物所引起的粗糙度；

k_d——弯头、焊接和接头引起的粗糙度。

对水平输气管道，假设为绝热，美国天然气协会（AGA）提出的压力和压降方程一般表示为：

$$q = k(T_b/p_b)[(p_1^2 - p_2^2)/fGTLZ]^{0.5} D^{2.5} \tag{4-25}$$

代入不同摩阻系数方程，可以得到不同的关系式。

AGA 摩阻系数方程：

$$1/\sqrt{\lambda} = -2\log(k/3.7D) \tag{4-26}$$

威莫斯摩阻系数公式：

$$1/\sqrt{\lambda} = 4.79D^{0.1667} \tag{4-27}$$

潘汉德“A”摩阻系数公式：

$$1/\sqrt{\lambda} = 5.025(QG/D)^{0.073} \tag{4-28}$$

潘汉德“B”摩阻系数公式：

$$1/\sqrt{\lambda} = 9.13(QG/D)^{0.01961} \tag{4-29}$$

代入这些摩阻系数方程得到：

威莫斯公式：

$$Q = k_w(T_b/P_b)[(p_1^2 - p_2^2)/GTLZ]^{0.5} D^{2.667} E_P \tag{4-30}$$

潘汉德“B”公式：

$$Q = k_w(T_b/P_b)^{1.02}\left(\frac{p_1^2 - p_2^2}{TZL}\right)^{0.51} G^{-0.49} D^{2.53} E_P \tag{4-31}$$

潘汉德“A”公式：

$$Q = k_b(T_b/P_b)^{1.0778}\left(\frac{p_1^2 - p_2^2}{TZL}\right)^{0.5394} G^{-0.4606} D^{2.6182} E_P \tag{4-32}$$

在管径压力以及温度等相同的条件下，加内涂层与不加内涂层时按不同公式计算的输量增加情况为：

美国天然气协会（AGA）和威莫斯方程：

$$Q/Q_0=(\lambda_0/\lambda_1)^{0.5} \tag{4-33}$$

潘汉德“A”：

$$Q/Q_0=(\lambda_0/\lambda_1)^{0.5394} \tag{4-34}$$

潘汉德“B”：

$$Q/Q_0=(\lambda_0/\lambda_1)^{0.51} \tag{4-35}$$

式中：Q表示输量，带0角标的表示不加内涂层，带1角标表示加内涂层。由于加内涂层后管道的摩阻系数大大降低，也就是说不加内涂层时管道的摩阻系数λ要小于加内涂层时管道的摩阻系数。从以上公式可以看出，虽然使用不同的公式，加内涂层后输量都有所增加，只是增加幅度不同。摩阻系数的降低随管径的减小和表面粗糙度的减小而变化，对于表面粗糙度为0.045mm的管道，表面粗糙度降低90%可以使摩阻系数降低33%。输送系数增加的最大值为22%，摩阻系数降低33%可以使管径减少8%。

4.8.3 节约压缩机的安装功率

压缩机的功率与压缩机的压缩比对数值成正比，其表达式为：

$$\frac{N_0}{N_1}=\frac{\log r_0}{\log r_1} \tag{4-36}$$

式中：r_0——未涂管道某段起点压力与终点压力之比；

r_1——涂敷后管道对应长度管段上起点压力与终点压力之比；

N_0——未涂管道的动力消耗；

N_1——涂敷后对应长度管道的动力消耗。

根据输气管道计算的基本公式可得到：

$$\frac{(p_1^2-p_2^2)_1}{(p_1^2-p_2^2)_2}=\frac{\lambda_1}{\lambda_0} \tag{4-37}$$

$$r_1=\sqrt{\frac{\lambda_1(r_0^2-1)+\lambda_0}{\lambda_0}} \tag{4-38}$$

将r_1代入即可得到下列关系式：

$$\frac{N_0}{N_1}=\frac{\log\sqrt{\dfrac{\lambda_2(r_0^2-1)+\lambda_0}{\lambda_0}}}{\log r_0} \tag{4-39}$$

摩阻系数方程用苏联早起公式和近期公式表示，分别为：

$$\lambda_1=0.383\left[\frac{2k_0}{d}\right]^{0.4} \tag{4-40}$$

$$\lambda_1=0.067\left[\frac{2k_1}{d}\right]^{0.2} \tag{4-41}$$

代入摩阻系数关系式即可得到功率与管道粗糙度、管径之间的关系：

$$\frac{N_0}{N_1}=\frac{\log\sqrt{0.1523\dfrac{(k_1\cdot d)^{0.2}(r_0^2-1)}{k_0^{0.4}}+1}}{\log r_0} \tag{4-42}$$

如果没有内涂层，管道粗糙度为0.045mm，涂敷后粗糙度取0.010mm，压力比取

1.40 时，不同输气管道压缩机功率节约百分比见表 4-10。从表 4-9 中可以看出，加内涂层后输气站压缩机动力对不同的管径都有很大降低，平均在 18.89%左右。国外许多资料介绍，使用内涂层后输气动力消耗一般可以降低 15%～20%。

管道涂敷后压缩机功率的节约　　**表 4-10**

D(mm)	300	400	500	60	700	800	900	1000
$(N_0-N_1)/N_e$(%)	27.42	24.06	21.37	19.12	17.18	15.48	13.95	12.56

4.8.4　管径的减小

在给定管线流量和压力条件下，气体管道加内涂层后，管径的缩小可以通过美国天然气协会方程、威莫斯公式、潘汉德公式进行对比分析。最终得到下列关系式：

美国天然气协会方程：

$$D_1/D_0=(\lambda_1/\lambda_0)^{0.2} \tag{4-43}$$

威莫斯方程：

$$D_1/D_0=(\lambda_1/\lambda_0)^{0.1875} \tag{4-44}$$

潘汉德“A”：

$$D_1/D_0=(\lambda_1/\lambda_0)^{0.1875} \tag{4-45}$$

潘汉德“B”：

$$D_1/D_0=(\lambda_1/\lambda_0)^{0.1875} \tag{4-46}$$

4.8.5　拉大站间距

在相同的压力和流量下，使用内涂层以后，可以显著地拉大压缩机站间距。其关系式如下：

$$\frac{L_1}{L_0}=\frac{\lambda_0}{\lambda_1} \tag{4-47}$$

代入摩阻系数方程得到：

$$\frac{L_1}{L_0}=6.566\frac{k_0^{0.4}}{(dk_1)^{0.2}} \tag{4-48}$$

式中：L_0——无内涂层时增压站站间距，m；

L_1——有内涂层时增压站站间距，m。

无内涂层管道粗糙度取 0.045mm，由内涂层取 0.010mm，则不同管径增压站站间距的扩大量见表 4-11。

管道涂敷后增压站站间距的扩大比例　　**表 4-11**

D(mm)	300	400	500	600	700	800	900	1000
$(L_0-L_1)/L_0$(%)	52.46	43.93	37.65	32.72	28.69	25.30	22.38	19.83

加内涂层后，增压站站间距平均拉长 32.87%，据国外统计资料介绍，输气管道使用内涂层后，增压站数量可以减少 1/5，对长输管道而言，完全可以抵消内涂层的投资，并有很大的节约。同时还可以减少管道运行时的清管次数，减少一些不必要的开支。不加内涂层的管道，一般一年清管三次，加内涂层后，一年到一年半清管一次，且清管时的驱动

力可以减少一半。同时，加内涂层保证了输气的质量；增加了管道储存期间的防护能力，并易于检测管道的内壁缺陷。

4.8.6 进行水力分析确定燃料消耗和动力需求

将管线设计寿命期间指定的运行条件（压力、温度、平均流量等）用于水力学模型以确定管线加内涂层和未加时各自的燃料消耗和压缩机的安装功率。相关的上、下游压缩机站将被用于该模型分析中。压力/流量与温度方程把流量、管道粗糙度和燃料消耗关联起来。

美国天然气协会（AGA）部分紊流方程：

$$Q_b=C\frac{T_b}{p_b}\left(\frac{p_1^2-p_2^2-E}{SGLT_{avg}Z_{avg}}\right)^{0.5}4D_f\log\left(\frac{N_{rc}}{1.4126\sqrt{1/\lambda}}\right)D^{2.5} \tag{4-49}$$

美国天然气协会（AGA）完全紊流方程：

$$Q_b=C\frac{T_b}{p_b}\left(\frac{p_1^2-p_2^2-E}{SGLT_{avg}Z_{avg}}\right)^{0.5}\left(4\log\frac{3.7D}{K_e}\right)D^{2.5} \tag{4-50}$$

其中

$$E=\frac{0.6833p_{avg}^2SG(E_1-E_2)}{Z_{avg}T_{avg}} \tag{4-51}$$

$$C=0.575\times10^{-3} \tag{4-52}$$

$$p_{avg}=0.667(p_1^3-p_2^3)/(p_1^2-p_2^2) \tag{4-53}$$

$$S=\frac{2\pi}{\cosh^{-1}(2Z/D)} \tag{4-54}$$

式中：Q_b——管道设计流量，m^3/d；

T_b——管道设计温度，K；

p_b——管道设计压力，kPa；

G——输气管道流量，m^3/d；

L——管道长度，m；

T_{avg}——管道平均温度，K；

Z_{avg}——管道平均压缩因子；

λ——管道的摩阻系数；

D_f——管道外径，m。

N_{rc}改成Re雷诺数，公式如下：

$$Q_b=C\frac{T_b}{p_b}\left[\frac{p_1^2-p_1^2-E}{SGLT_{avg}Z_{avg}}\right]^{0.5}4D_f\log\left[\frac{Re}{1.4126\sqrt{1/\lambda}}\right]D^{2.5} \tag{4-55}$$

潘汉德方程 A：

$$Q_b=0.0046\left(\frac{T_b}{p_b}\right)^{1.0788}\left(\frac{p_1^2-p_2^2-E}{G^{0.8539}LTZ}\right)^{0.5394}D^{2.6182}E_A \tag{4-56}$$

潘汉德方程 B：

$$Q_b=0.01\left(\frac{T_b}{p_b}\right)^{1.020}\left(\frac{p_1^2-p_2^2-E}{G^{0.916}LTZ}\right)^{0.510}D^{2.53}E_B \tag{4-57}$$

式中：E_A——潘汉德 A 的有效系数；

E_B——潘汉德 B 的有效系数。

Colebrook-White 摩阻系数：

$$\sqrt{\frac{1}{\lambda}}=-4\log\left(\frac{k_e}{3.7D}+\frac{1.4126\sqrt{1/\lambda}}{R_e}\right) \tag{4-58}$$

式中：λ——管道的摩阻系数；

k_e——管道的绝对粗糙度，m；

D——管道直径，m。

轴向温度分布方程：

$$T_2=T_a+(T_1-T_a)e^A \tag{4-59}$$

$$T_a=T_g-\frac{(p_1-p_2)J_{12}}{A}-\frac{E_2-E_1}{jAC_{p_{12}}} \tag{4-60}$$

其中

$$A=\frac{SLk}{mC_{p_{12}}} \tag{4-61}$$

$$S=\frac{2\pi}{\cosh^{-1}(2Z/D)} \tag{4-62}$$

式中：T_1——管道进口气体温度，K；

T_2——管道出口气体温度，K；

T_a——管道所处环境温度，K；

T_g——管道起点环境温度，K；

J_{12}——管道起点到终点的水力坡度；

j——管道所处环境的对流换热系数，W/(m^2·℃)。

压缩机站动力需求：

$$p_c+\left(\frac{p_b}{T_b}\right)\left(\frac{qT_sZ_{avg}}{N_{avg}E_c}\right)\times\left[\left(\frac{p_d}{p_s}\right)^{N_{avg}}-1\right] \tag{4-63}$$

$$N_{avg}=R\frac{Z+T(\delta Z/\delta T)}{M(\delta H/\delta T)} \tag{4-64}$$

式中：N_{avg}——温度转换指数；

p_s——吸入压力；

p_d——出口压力；

T_s——吸入温度；

E_c——压缩机效率；

Z_{avg}——平均压缩因子。

出口温度 T_d 用下面的方程计算：

$$T_d=T_s\left(\frac{p_d}{p_s}\right)^{N_{avg}}+\frac{(1-E_c)p_c}{mC_{pd}} \tag{4-65}$$

$$C_{pd}=\left(\frac{\delta H}{\delta T}\right)_p \tag{4-66}$$

式中：C_{pd}为常压下热焓随温度的改变。

压缩机燃料消耗 F 用下式计算：

$$F=A+Bp_c \tag{4-67}$$

式中：A、B——分别为燃料常数和燃料消耗率。

通过计算确定加内涂层和不加内涂层时压缩机的安装功率和每年所需的燃料消耗，从而计算出压缩机站节约的投资和每年节约的燃气费用。在管线内涂和未内涂两种情况下，主要的费用差别在于内涂层的费用。该费用通常占管线总建设费用的1%～2%，类似地，在内涂及未内涂两种方案运行费用之间的主要区别反映在管线设计寿命期间的燃料消耗上，需运用管道预期寿命燃料价格来对管线预期寿命内的燃料费用进行分别量化。如果节约压缩机站的费用低于内涂层的费用，那么加内涂层就是经济的；如果加内涂层后节约的压缩机站不能抵消内涂层的投资，通过计算把节约的压缩机的安装功率与管道寿命期内节约的燃料消耗费用与内涂层投资比较，如果大于内涂层投资，那么也是经济的。

4.8.7　某两条管线加内涂层与不加内涂层的方案比较

例如，一条年输量 $30\times10^8m^3/d$、长 695km 的管道，进口压力分别为 4.5MPa 和 5.8MPa，管线压力等级为 6.4MPa，终点压力不低于 1.0MPa。管道裸管粗糙度分别取 40μm 和 2μm，加内涂层后管道粗糙度取最大值 10μm。以此为基础数据计算首站压缩机的安装功率。计算软件使用美国的 TGNET 软件，计算结果见表 4-12。

工艺计算结果　　表 4-12

工况	管壁粗糙度（μm）	首进站压力（MPa）	首出站压力（MPa）	压缩机轴功率（MW）	自损耗气量（a）	末站进站压力（MPa）	输量（a）
1	45	4.5	6.48	6.73	0.149	1.0	30
	20		6.14	5.69	0.124	1.0	30
	10		5.92	4.98	0.109	1.0	30
2	45	5.8	6.50	2.01	0.044	1.0	30
	20		6.16	1.04	0.023	1.0	30
	10		5.93	0.39	0.0086	1.0	30

考虑到压缩机的功率应有一定的储备量，其安装功率应该是轴功率乘以下列系数：温度影响系数为 1.05；海拔影响系数为 1.1；进排气损失系数为 1.02；储备系数为 1.15；传动损失为 1.02。首站机组考虑两用一备，其安装功率见表 4-13。

首站压缩机安装功率　　表 4-13

工况	管壁粗糙度（μm）	首进站压力（MPa）	首出站压力（MPa）	压缩机轴功率（MW）	自损耗气量（a）	末站进站压力（MPa）	输量（a）
1	45	4.5	6.48	10.095	0.149	1.0	30
	20		6.14	8.535	0.124	1.0	30
	10		5.92	7.47	0.109	1.0	30
2	45	5.8	6.50	3.015	0.044	1.0	30
	20		6.16	1.56	0.023	1.0	30
	10		5.93	0.585	0.0086	1.0	30

从表 4-12 中可以看出，当粗糙度分别为 45μm 和 10μm、进站压力为 4.5MPa 时，最

大节约安装功率 2625kW，每年节约燃气消耗 $400\times10^4 m^3$。按国外资料介绍的压缩机安装功率 2000 美元/kW、气价 1 元/m^3，则节约安装费用 4357×10^4 元，每年节约燃气费用 400×10^4 元。涂层费用按 3 美元/m^2 计，整个管线内涂层费用为 3807×10^4 元。因此，加内涂层后与不加内涂层相比节约投资 550×10^4 元，每年还可以节约 400×10^4 元的燃气费，其效益是非常可观的。

对更大的长输天然气管道而言，其经济效益更加明显。对年输量 $120\times10^8 m^3$、管道全长 4000km、管道压力等级 10MPa、压力比 1.25、管壁粗糙度分别取 40μm 和 10μm 时，对三种管径 1016mm、1067mm 和 1118mm 进行加内涂层和不加内涂层经济比较，其结果见表 4-14。

不同方案比较结果　　表 4-14

序号	内容	单位	方案 1	方案 2	方案 3	方案 4	方案 5	方案 6
1	输气压力	MPa	10		10		10	
2	压比		1.25		1.25		1.25	
3	管径	mm	1016		1067		1118	
4	粗糙度	μm	10	40	10	40	10	40
5	压缩机站数	座	18	21	12	15	9	12
6	装机功率	MW	525	632	365	470	300	380
7	耗气量	a	5.40	7.01	3.94	4.88	3.24	3.73
8	线路投资	元	205.64	201.64	226.75	222.41	246.45	241.76
9	站场投资	元	67.50	77.13	48.54	58.89	40.61	48.24
10	年直接操作费用	元	17.03	18.25	16.21	17.13	16.32	16.87

从表 4-13 可以看出，无论哪一种管径，加内涂层后压缩机站都减少 3 座，节约站场投资近 10×10^8 元，每年节约燃气消耗最大可以达到 $1.61\times10^8 m^3$，而线路内涂层投资 4×10^8元。也就是说加内涂层后可以节约建设资金近 6×10^8 元，加上每年节约的燃气费用和人工费用，效益会更加显著。从这个例子也可以说明国外普遍在大口径、高压天然气管道使用内涂层的原因。

4.9　涂料与覆盖层的性能指标和检验方法

4.9.1　涂料的性能

涂料是管道内覆盖层的物质基础，涂料的质量好坏将直接影响到内覆盖层的性能和使用寿命。目前，适用于油气管道内覆盖层用的涂料品种很多，性能各异。在干线输气管道上应用较为广泛的内覆盖层涂料主要是液体环氧树脂类涂料（如双组分聚酰胺固化环氧涂料）。美国天然气协会（AGA）的管道研究委员会曾进行过一个名为 NB14 的研究项目，即“天然气行业的管道内表面覆盖层的研究”。研究人员对 38 种不同类型的可用于天然气管道内覆盖层的涂料进行了研究和筛选，最终得出结论认为：环氧树脂型涂料是最适合于天然气管道行业的内覆盖层材料。美国石油学会（API）的规范中推荐采用胺固化环氧涂料和聚酰胺固化环氧涂料，尤其优先使用聚酰胺固化环氧涂料。一般来说，适合于长输天然气干线管道内覆盖层用的涂料应具备下列特性：

(1) 优异的粘结性；

(2) 足够的硬度；

(3) 耐水性；

(4) 柔韧性；

(5) 耐化学性；

(6) 抗起泡性；

(7) 最低限度的焊接烧损；

(8) 良好的施工性能。

目前，国际上检验内覆盖层涂料及覆盖层性能质量的通用标准是《非腐蚀性气体输送管道内覆盖层推荐做法》API RP 5L2。该标准在1987年修订出了第三版，1994年又予以重新认定。应当说这是直至目前该领域最有权威的一项技术标准。迄今为止国际上诸多涂料生产商、涂覆商以及天然气管道的设计者、施工者与运营者都一致遵守着这个标准。此外，英国天然气理事会发布的《钢质干线用管和管件内覆盖层施工规范》GBE/CM1最早发布于1970年，继而在1977年又有了《钢质干线用管和管件内覆盖层材料技术规范》GBE/CM2，实际都是英国天然气公司（BG）为下属输气公司（Transco）制定的企业标准，但在1993年修订后却得到欧共体的认可，目前也已成为欧洲通行的两部内覆盖层技术标准。在具体工程项目实施时，往往业主或运营者还会对干线输气管道采用内覆盖层有不同的特殊要求；所以针对不同情况制定一些补充规定与上述那些通用标准一起使用的例子并不鲜见。例如，最近投产的从加拿大到美国距离长达2998km的Alliance天然气输送管道由于采用了内覆盖层，即于工程开始时先制定了其公司的企业标准《高强度干线钢管内覆盖层》A-E. S. S502作为API RP 5L2的补充规定，于1997年5月27日发布实施。

API RP 5L2规定了适用涂料组分、性能要求的试验室鉴定及检测方法。

所指的涂料一般包括：

(1) 有色的或清澈的基料（base）；

(2) 有色的或清澈的固化剂（convertor）；

(3) 包含足以通过盐雾试验的阻锈剂颜料；

(4) 用于调节涂料到适于喷涂粘度的溶剂。

涂料在涂覆前应该按照供应商要求的涂料基料和固化剂的配比进行搅拌混合。涂料可以用供应商提供的或规定的溶剂进行混合稀释。

该标准对适用的内覆盖层涂料的物理性能做了规定。

工程技术标准《高强度干线钢管内覆盖层》A-E. S. S 502，在API RP 5L2的四条之外对涂料又补充规定了以下几点：

(1) 涂料基本上应为液态的聚酰胺固化环氧树脂，聚酰胺应占固化剂的90%以上。对钢管接头内表面进行喷涂处理将有特殊配方，它不应含铅和铬。

(2) 环氧树脂的分子量最小应为900，环氧当量值在450～525之间。

(3) 基料（不包括固化剂）应不含脂肪酸、油、烃类树脂和含氯的增塑剂。

要求承包商提供的资料　**表 4-15**

所需要的参数	测试方法
基料和固化剂的混合配比	
用于调整粘度的稀释剂的性能和所需要的量	
固化时间	该标准的附录 D,D.1
稳定性	该标准的附录 D,D.2
适用期	该标准的附录 D,D.3
相对密度	该标准的附录 D,D.4
干燥时间	BS3900:C2 和 C3 部分
不挥发物总量(按质量和按体积)	BS3900:B2 部分
粘度	BS EN 535(过程中断点)
	BS3900:A7 部分
颜色色散	BS3900:C6 部分
闪点	BS3900:A9 部分
一次涂覆得到 50μm 干膜时湿膜的厚度	BS3900:C5 部分

注：BS 3900：A7 部分适应于采用流动液流杯测定粘度不准的高剪切速率的非牛顿物料上。

英国的《钢质干线用管和管件内覆盖层材料技术规范》GBE/CM2，对涂料的基本性能是要求承包商提供表 4-15 所列的所供涂料成分数据以及混合与稀释后的涂覆粘度。相应的测试检验方法多执行英国国家标准 BS 3900。

4.9.2　内覆盖层涂料的试验室质量检验

API RP 5L2 标准规定了在涂覆以前按表 4-16 的项目进行试验室涂料涂覆试片的质量检验。这类检验旨在通过试验室涂覆试片来判定涂料的性能质量。一旦取得质量认可，如果试验条件不发生变化，则不需要再进行相同的质量检验。

试验室涂覆钢制试片的性能　**表 4-16**

测试项目	可接受标准	测试方法
盐雾试验	API RP 5L2 之附录 2	ASTM B B117,500h
水浸泡	在距离边缘 6.3mm 范围内无水泡	饱和碳酸钙蒸馏水溶液 100%浸泡,室温,21d
甲醇与水等体积混合	在距离边缘 6.3mm 范围内无水泡	100%浸泡,室温,5d
剥离	API RP 5L2 之附录 3	API RP 5L2 之附录 3
弯曲	在锥棒直径 13mm 以上部位,弯试验板, 无剥离,无失粘,无裂缝	ASTM D 522
附着力	除刻画处,无任何材料的翘起	API RP 5L2 之附录 4
硬度	在(25±1)℃时,巴克贺尔兹值最小 94	DIN 53153(IOS 2815)
气泡测试	无气泡	API RP 5L2 之附录 5
耐磨测试	最小磨损系数为 23	ASTM D 968 方法 A
水泡试验	无气泡	API RP 5L2 之附录 6

注：1. 允许轻微软化；
　　2. DIN 53153 已废止，由 ISO 2815 替代。

试验所用的钢质试片使用低碳钢，尺寸为75mm×150mm×0.8mm。待涂表面应该喷砂达到瑞典图像对比标准：SIS Sa3 级或相应的程度。涂料应按照供应商的要求进行混合或稀释达到正常喷涂的私度要求。应在预处理好的试片表面进行喷涂。大气环境在喷涂期间应该控制在（25±3)℃之间，相对湿度最大为80%。试片背面和边缘应进行保护。试片上的涂膜厚度应为（51±5)μm。在（25±3)℃的空气里干燥10d，然后在（49±3)℃、相对湿度不超过80%的循环空气中烘烤24h，进行状态调整。然后可在室温下保存90d之内进行试验检验。

另外，还规定用尺寸25mm×75mm单面打毛的玻璃板测定涂覆后的针孔，见表4-17。

试验室涂覆的玻璃试板的性能 **表 4-17**

测试项目	可接受标准	测试方法
针孔(湿膜)	无针孔	API RP 5L2 之附录 7
针孔(干膜)	无针孔	API RP 5L2 之附录 7

工程技术标准《高强度干线钢管内覆盖层》A-E. S. S 502 除此之外还补充了几个附加试验：

（1）表面光泽

用 ASTM D 523 规定试验方法，以 Gardiner 60°光泽仪测得覆盖层光泽读数应不低于50。

（2）耐热性

覆盖层在250℃温度下干热30min，随后用室温水冷却，应无任何失效（包括剥离、开裂、鼓泡或粘结力损失等）发生。

（3）油浸泡试验

覆盖层经过下面的浸泡试验后应无鼓泡出现，试验应分别进行。

1）在石油基发动机油中，于70℃温度下保持248h。

2）在磷酸酯基合成润滑油中，于压力（9.9±0.7)MPa、温度70℃下浸泡24h，试验后立即泄压。

英国的《钢质干线用管和管件内覆盖层材料技术规范》GBE/CM2，对涂料的试验室涂膜的规定也基本上与 API RP 5L2 相似，是在耐化学性能方面有更具体的规定。详见表4-18～表4-21。

涂覆的基本性能测试条件和所要求的结果 **表 4-18**

性能	试片(供参考)	测试方法	结果要求
收缩	300mm×100mm 钢板	通过白光源内肉眼观察	不收缩
	150mm×100mm 毛玻璃		不收缩
起泡和流淌	300mm×100mm 钢板	肉眼观察	不起泡、均匀流动
	150mm×100mm 毛玻璃		
下垂	300mm×100mm 钢板	试片垂直烘干	不下垂
干燥	钢	在 20～25℃、相对湿度 60%～70%条件下干燥	表干<2h 实干<16h

物理性能测试条件和所需要的结果　**表 4-19**

性能	试片	测试方法	结果要求
柔韧性(弯曲试验)	附录 E,E1 干燥 7d 和 28d	ASTM D 522-60	覆盖层不损坏
反面冲击(落体)	附录 E 干燥 7d 和 28d	BS3900:E3 痕深度 2.5mm	覆盖层不损坏
划痕试验	马口铁板 干燥 7d 和 28d	BS3900:E2 部分	2000g 通过
附着力(十字划格)	附录 E 干燥 7d 和 28d	BS3900:E6 部分划 格间隔 1.5mm	0 级(划格处无脱落)

耐环境试验的测试条件和所要求的结果　**表 4-20**

性能	试片(供参考)	测试方法	结果要求
盐雾	干燥 7d	BS3900:F4 部分	500h 不破坏
潮湿	干燥 7d	BS3900:F4 部分	10d 后不破坏
压力起泡测试	干燥 7d	附录 D 的 D5 和 D6	不起泡或不分离

耐化学品试验的测试条件和恢复时间　**表 4-21**

介质	温度(℃)	压力(Pa)	浸液时间(h)	恢复时间(h)
用 CO_2 调节 pH=4 的蒸馏水 (附录 E,全部表面)	20～25	7	1000	—
蒸馏水(附录 E,全部表面)	20～25	101325	1000	—
三乙基醇	20～25	101325	500	4
润滑油	20～25	101325	168	4
苯	20～25	101325	168	4
二甲苯	20～25	101325	168	4
正己烷	20～25	101325	168	4
异辛烷	20～25	101325	168	4
甲醇	20～25	101325	168	4
加味剂:二烃(烷)基硫 醚/硫醇加味剂	20～25	101325	168	4

注：GIS 07——重质润滑油。

4.9.3　覆盖层的生产检测

内覆盖层的涂膜一般要求是表面光泽、厚度和颜色均匀一致。在内涂覆作业期间，应经常进行下面的若干项生产检测，以控制涂覆管子的质量。生产检测要先制备试片，可将试片固定在清洁管子的内表面，然后按照管子的涂覆要求进行涂覆。试片在管子内最少要保留 5min（试片从管子中取出后，管子内表面的测试处再进行局部修补)。试片在空气中自然干燥 15～30min，然后在 66～79℃的温度下干燥 10min，之后在（149±6)℃的温度下烘烤 30min 或按照供应商的规定进行。然后按下列项目要求进行检测评价：

1. 针孔检测

对玻璃试片在固化前及固化后进行观察，将试片固定在装有 100W 灯泡的箱内，与灯泡的距离为 100～130mm。评价应由买方的代表进行。针孔的光散射应为最小。也可用湿海绵吸有湿润剂并加有一个较低的电压来检测针孔。

2. 涂膜厚度检测

最简单的方法是用开口千分尺测量未涂覆的试片，然后涂覆，并在同一处测量覆盖层的厚度。两次间的厚度之差即为覆盖层厚度，要求应比买方规定的最小干膜厚度大 5μm。

在涂覆中断或涂料黏度改变时，如果要求检测湿膜厚度，推荐采用《有机覆盖层湿膜厚度测量》ASTM D 1212 的方法（偏心滚轮式湿膜计）测定。另外也可用形状如梳子的湿膜测量尺直接测量。

3. 弯曲测试

将固化试片围绕直径为 13mm 或稍大的圆锥芯轴弯曲 180°，目视检查试片上不应出现剥落、剥离、裂纹等。

4. 粘结力（附着力）检测

离试片边缘至少 13mm 处，用新的锋利刀片将覆盖层在 25.4mm 内按照等间距刻划 16 条线，划至金属。然后按照此间距与该划线垂直再刻划 16 条线。

上述步骤将产生 225 块面积相同的正方形，每一块的边长大约为 1.6mm。在其上用拇指指甲牢固地将 25mm 宽的透明塑料胶带压紧，使之产生相同的接触面色彩。然后快速拉开塑料胶带产生噼啪的声响。

检查覆盖层正方形小块，涂层块不得有任何剥离，可认为合格。

目前国外已有更方便使用的定型仪器，如机械型附着力测量仪、十字口切割器等可供选用。

5. 固化检测

将固化的试片浸没在与涂料的稀释剂相同的溶液中持续 4h，取出后在室温下干燥 30min，不得有软化、褶皱及水泡产生。

6. 水浸泡测试

将试片浸没在新鲜的水中或水溶液中（质量百分比：1% NaCl、1% Na_2SO_4、1% Na_2CO_3），浸泡 4h，固化的覆盖层膜不得出现剥离、软化、褶皱、水泡。

7. 剥离检测

将试片放置在平面上，涂覆面向上。用锋利的刀片剥离涂层，刀片与覆盖层的夹角为 60°。覆盖层不得从试片上剥离，应呈片状剥落。剥落片在拇指与食指之间碾压时应形成粉状颗粒。

4.9.4 各项性能的检测方法

内覆盖层涂料与覆盖层的性能总共涉及二十几个项目。其中有的检测步骤比较简单，在前文论及检测项目时已经随带介绍出来，就不再单独重复叙述了。下面着重介绍 API RP 5L2 标准的几个附录中的方法，并概要介绍该标准所涉及的 ASTM 标准试验方法。

1. 涂料固体体积百分含量的测定

(1) 方法一

1）将材料按照供应商的说明书进行混合。

2）混合的材料在21～27℃温度下放置3h。

3）按照《清漆中不挥发物含量试验方法》ASTM D 1644的要求确定混合材料的固体质量百分比。

4）根据3次测试的平均值报告混合材料的固体质量百分比。

5）按照《测定液体涂料、油墨和相关产品密度的标准试验方法》ASTM D1475中的方法测定混合涂料的相对密度。

6）选择3块铝制试片，每片的面积为11600～15500mm²，厚度为0.64mm。

① 在（105±2)℃的循环空气的烘箱中恒重，然后在21～27℃的干燥器中冷却。

② 称量铝试片，精确到0.01g。

③ 在温度21℃的蒸馏水中称量铝试片的质量，精确到0.01g。

④ 将铝试片放置在（105±2)℃的温度下干燥1h，21～27℃的干燥器中冷却。

7）用本方法1）所制备的涂料涂覆试片。

8）试片在空气中干燥（固化）16～24h，保持在温度21～27℃之间。相对湿度最大不超过80%。如果需要，将其放置在（105±12)℃的循环空气的烘箱中恒重。

9）按照6）中②、③步骤在空气中和蒸馏水中对试片重新称量。

10）根据上述步骤测定的值及下列公式计算固体体积百分含量。

$$\text{固体体积百分含量}(\%)=\frac{(A-B)(\text{相对密度})(\text{固体质量百分比})}{A}\times100\% \tag{4-68}$$

式中：A——试片涂覆前后在空气中的质量差，g；

B——试片涂覆前后在蒸馏水中的质量差，g。

在上述步骤中引用的ASTM D 1644是测定清漆在试验温度下、挥发性溶剂挥发后的不挥发物组分含量的一个试验方法。

该方法是把一份充分混合的试样放在一个称量移液管或10mL无针头注射器中。再从其中减量称取（1.2±0.1)g试料到已恒重的平底金属或玻璃皿内。称量皿直径为80～100mm，深度为5～10mm，诸如磨口罐头盖、药膏盒子或培养皿均可。轻轻倾斜并使试样散布到整个器皿底部，在鼓风烘箱中加热到（105±2)℃保持3h，或在电热板上加热到(150±3.5)℃保持10min。然后在干燥器中冷却并称量之。

按下式计算不挥发物质的质量百分比NV：

$$NV=[(C-A)/S]\times100 \tag{4-69}$$

式中：A——器皿的质量，g；

S——所用试样的质量，g；

C——加热后器皿和内容物的质量，g。

(2) 方法二

这个试验方法是用来提供从给定体积液体涂料得到干覆盖层体积的量度。这个值对于比较从不同涂料产品得到的覆盖层，每单位体积对应特定干膜厚度能覆盖多少面积的表面是有用的。

此方法原理、仪器、步骤均大体与方法一雷同，只是采用了不锈钢片替代了铝片。

其方法可以概述为：测定不锈钢圆片的质量和体积。然后在此圆片上涂上待测样品，再测不锈钢圆片和干漆膜的总质量和总体积，步骤如下：先在空气中测得总质量，再于已知相对密度的液体中测定涂漆圆片的质量。根据阿基米德定律，涂漆圆片的总体积，应等于涂漆圆片在液体中减轻的质量除以液体的密度。由圆片涂漆后所测得的质量和体积，算出干膜的质量和体积。根据液体涂料的密度和不挥发分质量百分数，就可以算出涂在试片上的液体涂料的体积。涂料的干膜体积除以液体涂料的体积，再乘以 100，就得到涂料的不挥发分体积百分数。

2. 试验室气压起泡试验

将试片放置在合适的压力容器内，用干燥的氮气将压力提升至（8.3±0.7）MPa。然后按照下面的操作进行：

（1）温度调整到（25±6）℃；

（2）维持此压力 24h，然后在 5s 内泄压；

（3）泄压 3min 内检查覆盖层，如果产生任何气泡则认为不合格。

3. 试验室水压起泡试验

将试片放置在合适的水压容器内，用饱和 Na_2CO_3 溶液将压力提升至（16.5±3.4）MPa。然后按照下面的操作进行：

（1）将压力维持在（25±3）℃的温度下；

（2）在设定压力下维持 24h，迅速泄压；

（3）在 5min 内观察覆盖层，如果产生任何水泡则认为不合格。

4. 试验室针孔检测

制作涂料的玻璃试片，按下面的要求进行检测：

（1）湿膜

在涂料涂覆 5min 之后，将玻璃试片对准强光源来对涂膜来进行针孔检查，距离光源为 130mm，光源采用 100W 的灯泡。用开口的不透明的遮光板遮挡灯光对观察造成的影响。遮光板的边缘距试片的距离应大于 150mm。如果出现针孔则认为涂覆不合格。

（2）固化膜

如果通过上述步骤检查的涂覆层湿膜，必须在空气中固化 15～30min，再放置在66～79℃的循环热空气烘箱中干燥 30min。然后按照（1）中步骤进行观察，观察到的任何针孔则认为不合格。

5. 涂料密度的测定

该试验方法适合于测定涂料及相关产品和组分在液态下的密度，它特别适用于当用密度天平测定的流体粘度太高或组分易于挥发的情况。

该方法先用蒸馏水在各个温度下准确已知的绝对密度来标定容器体积，再测定涂料液体组分装入一容器后，在标准温度（25℃）或在一个一致同意的温度下的质量。计算在规定温度下涂料液体组分密度，以每毫升的克数表示。

该方法的步骤如下：在规定温度下，先测定容器的体积：洗净并干燥测定用的容器

（比重瓶），使其恒重。称量直至两次称量结果之差不超过容器质量的 0.001%。记录容器质量 M，以 g 计。在略低于规定温度下，用水装满容器，盖好瓶盖，并使溢流孔打开，随即移去溢出的过量水或用吸湿材料吸干，使水位下降，避免容器中产生气泡。把容器及其内容物放入规定温度的恒温槽内，这样又会造成因温度升高水膨胀而从溢流孔少量流出，用吸湿材料仔细吸干，除去过量的溢流水，避免水虹吸出溢流孔，立即用已准备好的盖子盖住溢流孔。在达到规定温度、初次擦干容器后，再发生的溢流水不要除去。立即称量装满的容器，准确到其质量的 0.001%，记录该质量（N，g）。

按下式计算容器的体积：

$$V=(N-M)/\rho \tag{4-70}$$

式中：V——容器的体积，mL；

N——容器和水的质量，g；

M——干容器的质量，g；

ρ——在规定温度下水的绝对密度，g/mL。

再用试样代替蒸馏水，重复上述操作。记录容器装有试样的质量 W 和空容器的质量 w（以 g 计）。

按下式计算出试样的密度（以 g/mL 计）：

$$D_{\mathrm{m}}=(W-w)/V \tag{4-71}$$

式中：D_{m}——密度，g/mL。

6. 涂料沸程的测定

按照《挥发性有机液体蒸馏试验方法》ASTM D 1078，该测试方法为一种测量挥发性液体馏程的方法。包括确定 30～350℃之间沸腾的有机液体的馏程，可以有手动或自动程序。适用于确定有机液体的相对挥发性，并可以同其他测试一起用于质量的鉴定和测量。

其方法可概述为：在与简单蒸馏相同的条件下蒸馏 100mL 样品，温度计中的水银温度和取出蒸馏物前逆流液体的温度相称，将部分浸入的温度计上观测到的沸点温度与标准大气压对照校正得出真实的沸点温度。

7. 涂料沉淀性能测定

按照《路标漆贮存时的沉降性试验方法》ASTM D 1309、《涂漆沉降程度评价试验方法》ASTM D 869，如果不是用正确方法配制或处理的涂料，就可能出现过度沉淀现象。为了评价涂料在两周内的硬化性能，该试验旨在寻找能加速硬化的条件。通过主观的评估方法与《涂漆沉降程度评价试验方法》ASTM D 869 试验方法相结合，就可得到试验结果。

试验方法是：把待评价涂料彻底混合到均匀稠度，将足够量涂量倾入 500mL 漆桶内，使其高度在离桶顶 13mm 以内。用盖子紧闭漆桶并使之经受如下暴露循环：从星期一到星期五，在上午 8：00 放入冰箱，上午 10：00 转入烘箱；下午 2：00 转入冰箱，下午 4：00转入烘箱。漆桶在烘箱内经过周末后，将其置入冰箱，并按上述步骤继续另外 7 天循环。漆桶每次从烘箱内取出放在桌上，对桌面剧烈拍击一次，此拍击使桶底对着桌面形成一个瞬时振动。

暴露结束后，让涂料在室温下冷却 4h，测定其硬化度。在不振动或搅动的情况下将盛满如上经历的涂料样品的容器盖子打开，并在不除去上浮基料的状态下对该样品进行试验。利用刮刀对在贮存期间析出部分的数量和性质进行检验。使刮刀保持垂直，并在涂料的中心处插入直到刮刀的下缘触及罐底为止。将刮刀从原位拔出，按照《涂漆沉降程度评价试验方法》ASTM D 869 中所述现象，以 0～10 的标度评定该试样的沉淀度。

8. 涂料细度的测定

颜料通常在某种研磨机上被分散于涂料中。在此阶段必须能判断颜料聚集体是否已经被充分打碎，而不至于影响涂膜平整程度。

方法可以简单叙述为：把样品用刮刀刮进楔形细度规刻度槽中，在槽的一些位置上将会看到颗粒或聚集体或两者都有。在这些颗粒形成一定形状的位置上，直接从刻度表上读出读数。

所用的楔形细度规是工具钢、不锈钢或镀铬的钢块，约 170mm 长、15mm 厚。板的表面平整光滑，其上有一条或两条 127mm 长的刻度槽。槽体从离一端 10mm 处至另一端，纵向均匀地削成深度由 100μm 至 0 的楔形，并按照深度标刻出中间诸点的 Hegman 标度或 μm。楔形细度板与刮刀如图 4-4、图 4-5 所示。

把细度规放在水平防滑面上，在试验前擦拭干净。猛烈摇动试料 2min，立即把试料倾入槽的深端，以使其缓慢流满槽中。用刮刀沿槽长度方向向浅端刮动试料。试料放入 10s 内，从垂直于槽长度方向的侧面观察细度规。观察试料中第一个显现明晰颗粒图形的点，就是细度的读数。典型的图样如图 4-6 所示。

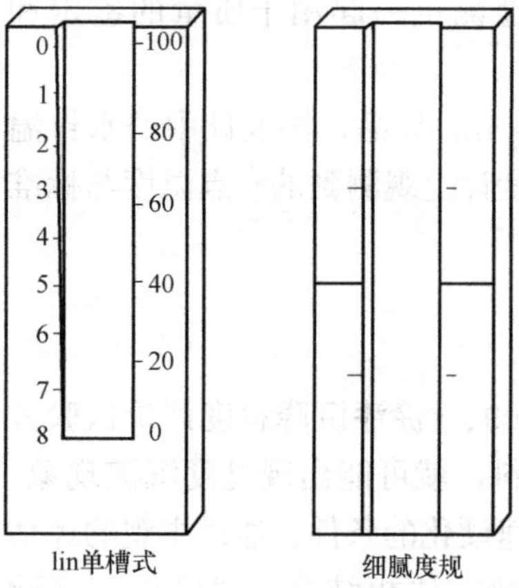

图 4-4　细度规（1in≈25.4mm）

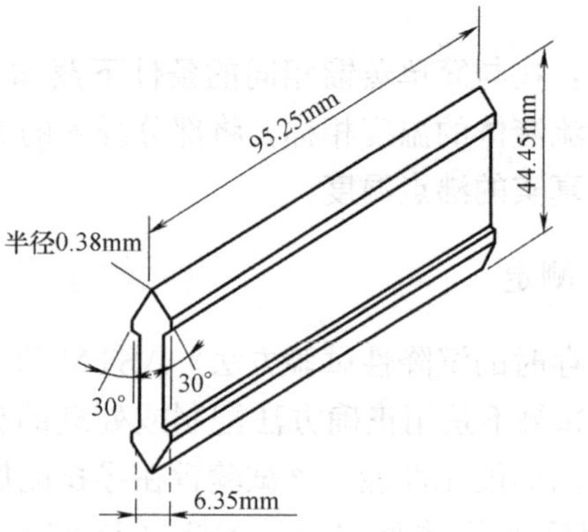

图 4-5　刮刀

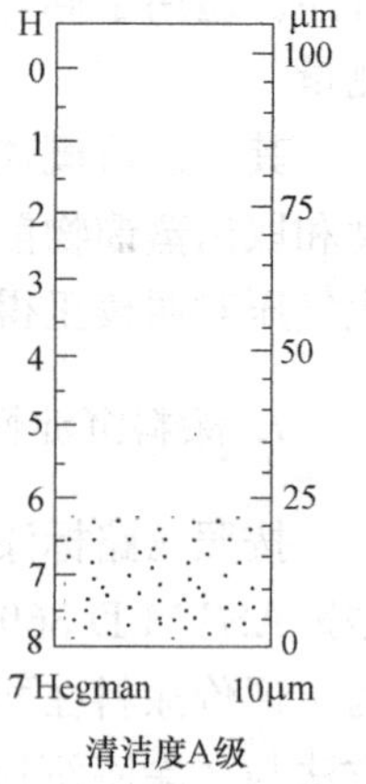

图 4-6　细度规典型图样

9. 涂料中粗颗粒的测定

在内覆盖层中，漆膜的光滑度是至关重要的，大于 45μm 的粗颗粒很难分散且影响光滑漆膜的制备。该试验方法是有效的原材料分级质量控制试验方法。

试验方法的概要是：用一只直径 75mm、筛孔 45μm（No. 325）的筛子，在（105±

2)℃的烘箱中将筛子干燥、冷却，然后在分析天平上称量，准确至 1mg。在分析天平上称待测样品，准确至 1mg。用乙醇沿两边将筛子润湿，并将样品移至筛子中，再用乙醇润湿。当试样中的绝大部分通过筛子滤掉后，将筛子置于盛有 250mL 洗液的瓷盘内，用一把软毛刷来回刷残留在筛子上的试样，滤液从筛子中流出，直至在筛余物上流动和通过筛子流下的洗液清澈透明，不含粒子为止。当冲洗看起来快要完成时，将流经筛余物并通过筛子的洗液收集在烧杯中，强力搅拌所收集的洗液，当洗滤完全后，在 105℃下将筛子干燥 1h 后冷却，称量计算粗颗粒的百分数。

10. 涂料粘度的测定

按照《采用福特粘度杯的粘度标准试验方法》ASTM D 1200，Ford 杯法用福特（Ford）型流动粘度杯可对牛顿或近牛顿体的液体涂料的私度进行测定。本试验方法用于测定多种油漆和其他涂料以及这些物料在稀释后的装填与涂覆私度。并可根据在一定时间内混合组分的黏度变化来确定涂料的适用期。

试验方法的概要是：把试料装到福特粘度杯的液面线，测定试料全部流过其中的一个标准流出孔的时间。

福特粘度杯有 1、2、3、4 和 5 号之分（图 4-7）。挑选合适的杯号，使流出时间在 20～100s 秒之间（最好是 30～100s 之间），按下述步骤测定流出时间的秒数：先堵住流出孔，并用准备好的试样倒满杯中，最好使其过量，然后用直尺刮平多余部分，测量物料开始流出到流丝第一次中断的时间。试验在 25℃或买卖双方认可的某个温度下进行。试验期间温度波动应不超过±0.2℃。

11. 涂料试片的盐雾试验

试验所要求的盐雾暴露试验仪由盐雾箱、盐溶液储槽、经适当处理的压缩空气供给系统、一个或多个雾化喷嘴、试片支架、盐雾箱加热设备及必要的控制设备组成。仪器的尺寸及具体结构可任意选择，只要所提供的条件符合试验要求即可。

所用的盐溶液是（5±1）份的氯化钠溶于 95 份水中制成。盐雾箱的暴露区温度应保持在 35℃，35℃雾化时，收集盐溶液的 pH 值，应在 6.5～7.2 范围内。试片和垂直方向成 15～30°角支撑或悬挂，最好与盐雾流的主方向平行。喷嘴或喷雾的方向应加以控制或折流，以保证盐雾不能直接冲击试片表面。

对内覆盖层涂料而言，要求在涂覆的试片上沿对角线刻画 X 形线至裸露金属面，放入盐雾箱，将刻画的一面面对盐雾，试验时间应为 500h。检测试验结果应在试片从盐雾中取出干燥 30min 之后进行，覆盖层没有水泡，并且用透明塑料胶带在刻画线的两侧拉起，造成的覆盖层的剥离要求不超过 3.2mm。

12. 涂料试片的弯曲试验

按照《涂覆有机涂层的芯杆弯曲试验的标准试验方法》ASTM D 522，该试验方法适用于测定涂覆于金属板或橡胶类材料的基面上有机覆盖层的延伸率和柔韧性。

试验方法的概要是：把涂料均匀涂覆到金属试片上。覆盖层固化后，涂覆试片用弯曲芯轴测定覆盖层的抗弯曲性。在试验方法 A 中，将覆盖层试片固定在圆锥形芯轴上进行

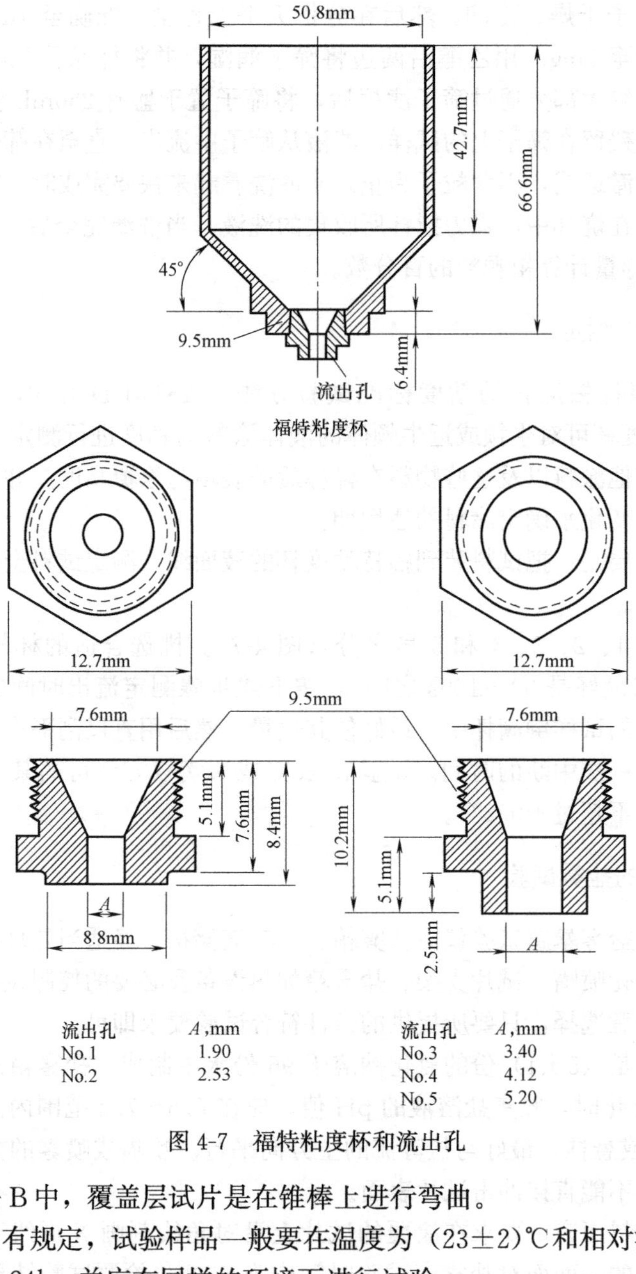

流出孔	A,mm	流出孔	A,mm
No.1	1.90	No.3	3.40
No.2	2.53	No.4	4.12
		No.5	5.20

图 4-7　福特粘度杯和流出孔

弯曲。在试验方法 B 中，覆盖层试片是在锥棒上进行弯曲。

除买卖双方另有规定，试验样品一般要在温度为（23±2）℃和相对湿度为（50±5）%的条件下调节至少 24h，并应在同样的环境下进行试验。

将试片围绕芯轴弯曲成大致 135°的角，弯曲时间为 15s 左右。用肉眼检验试样的弯曲表面上是否有裂纹。

13. 覆盖层硬度的测试

国际标准 ISO 2815 现已替代了 API RP 5L2 引用的德国标准 DIN 53153（DIN 53153 已经废止）。实际的方法基本相同，规定了用指定仪器（Buchhalz 压痕仪）对单层或多层覆盖层系统进行压痕的试验方法，以测得的巴克霍尔兹（Buchholz）值表示覆盖层的硬度。

当规定尺寸和形状的压痕仪在规定的条件下施加于涂层时，所形成的压痕长度可显示覆盖层的形变量。结果以压痕长度倒数的函数表示，当所要求的覆盖层的性能（硬度）提高时，试验数值增大。

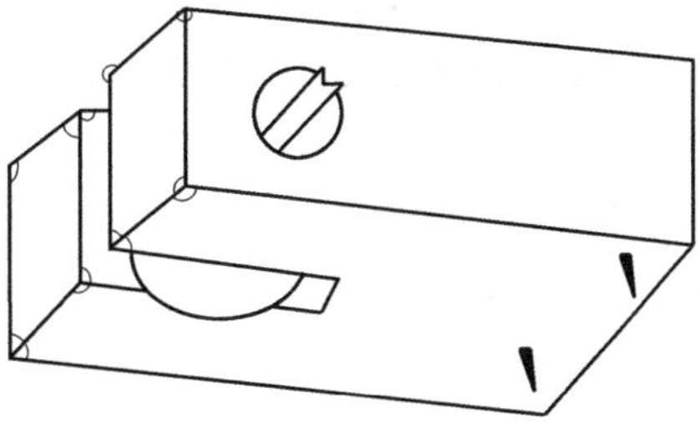

图 4-8　压痕装置（斜下视图）

试验方法的概要是：压痕仪主要由一个构成仪器主体的矩形金属块、压痕器和两个尖脚组成（图 4-8）。压痕器是由硬工具钢制的具有尖锐刀刃的金属轮。整个仪器的质量为（1000±5）g，压痕器和两个尖脚在主体上的位置，要使仪器在水平面上时能稳定放置。压痕器上表面呈水平，有效荷重为（500±5）g。

测量压痕长度是由放大 20 倍的显微镜和配有能读到 0.1mm 刻度的目镜组成的。压痕表面用入射角超过 60°的光源照明，显微镜垂直装在照亮的压痕表面的上方，调整焦距使压痕形成的影像和刻度尺形成的影像同时产生。

试片应按规定进行处理，然后按产品或覆盖层系统的规定进行涂覆，涂层厚度达到规定的厚度范围。覆盖层试片应在规定的条件下干燥（烘烤或放置）规定的时间，并在（23±2）℃、相对湿度（50±5）%的条件下调节至少 16h，然后尽快投入试验。

将压痕器轻轻地、稳稳地放在试板上，放置（30±1）s，然后小心地移开压痕器。移去后（35±5）s 内，将光源和显微镜放到测定位置上，测量压痕产生影像的长度，精确到 0.1mm。然后查表得出对应的抗压痕值（Buchholz 值）。

14. 覆盖层耐磨损性能的测试

采用磨料下落到已涂覆在平整坚硬表面（如金属板或玻璃板）上的方法，使覆盖层造成磨损，从而测定其耐磨性能。

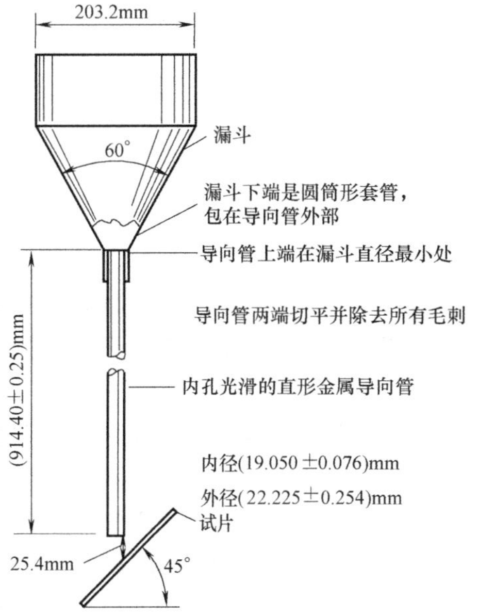

图 4-9　磨损试验器

磨料通过导管自规定高度下落到覆盖层试片上，直至露出基材。用磨损单位膜厚所需磨料的数量表示此样板上涂层的耐磨性。按规定可以使用石英砂或碳化硅。

磨损试验器顶端有一个盛装磨料的容器漏斗，下接导管和启动磨料流下的插板；下面固定与垂直呈 45°角的涂层试片的支架，管子开口在磨损面的正上方，从管子到覆盖层表面最近点的垂直距离为 25mm（图 4-9）。

标准磨料为石英砂。连续过筛 5min 后，留在 20 号筛（850μm）上的筛余物不多于 15%，通过 30 号筛（600μm）的筛余物不多于 5%。

覆盖层试片应在（23±2）℃和相对湿

度 (50±5)%条件下放置至少 24h。试验应在相同环境下进行。

在试验器上安放好覆盖层试片。调整试片使标记好的区域之一正对导管下方中心。把量过体积的标准砂装入漏斗中，拉开插板使砂子通过导管流下冲击到试片上。重复这一操作直到看出涂层试片上露出 4mm 直径的基材。在试验期间常用砂子的量是 (2000±10) mL。当接近终点时可再向漏斗中添加 (200±2)mL 砂子。

对每个试验涂层试片的试验区计算耐磨性 A，以 L/mil 表示。由下式计算：

$$A=V/T \tag{4-72}$$

式中：V——磨损所耗用的砾子体积，L（精确到 10 位数）；

T——覆盖层厚度，mil ($1mil=25.4\times10^{-6}m$，精确到 10 位数)。

15. 覆盖层表面光泽的检验

按照《镜面光泽度的标准试验方法》ASTM D 523，覆盖层的光泽反映了在一定角度下与其他方向相比的反射光线的能力。用该方法可以矫正目视观察的粗略性。

该方法采用一种 Gardiner 光泽仪，它是具有一定角度的入射光线经过测试表面反射后测量光度的仪器（图 4-10）。在试验测定之前，先要用标准试片对仪器进行标定。方法规定入射角度可以是 60°、20°或 85°，视表面的光泽程度而定。其方法比较简单快捷。

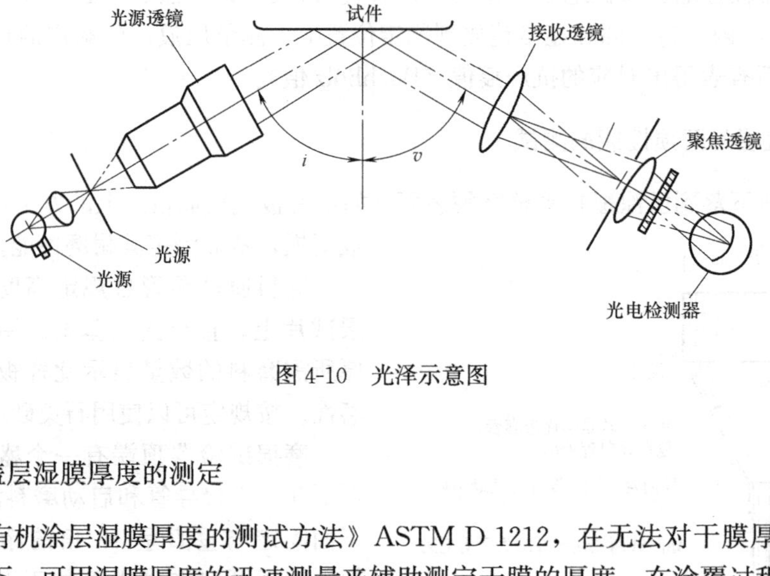

图 4-10　光泽示意图

16. 覆盖层湿膜厚度的测定

按照《有机涂层湿膜厚度的测试方法》ASTM D 1212，在无法对干膜厚度即时无损检测的场合下，可用湿膜厚度的迅速测量来辅助测定干膜的厚度。在涂覆过程中测量湿膜厚度还可以提供对涂覆工艺的指导。

其方法的大致过程是：把涂料涂覆在试验室试片或现场要涂覆的表面上，用仪器尽可能快地测量湿膜厚度，要注意避免溶剂的挥发。

《有机涂层湿膜厚度的测试方法》ASTM D1212 的规定中提到了两种仪器。方法 A 是采用 Interchemical 湿膜计（偏心滚轮式），适用于厚度直到 700μm 的湿膜（图 4-11）。方法 B 是采用 Pfund 型湿膜计（凸透镜式），适用于厚度在 360μm 以下的湿膜。其方法是将仪器压向覆盖层的湿膜，然后提起读数，操作步骤都比较简单易行。

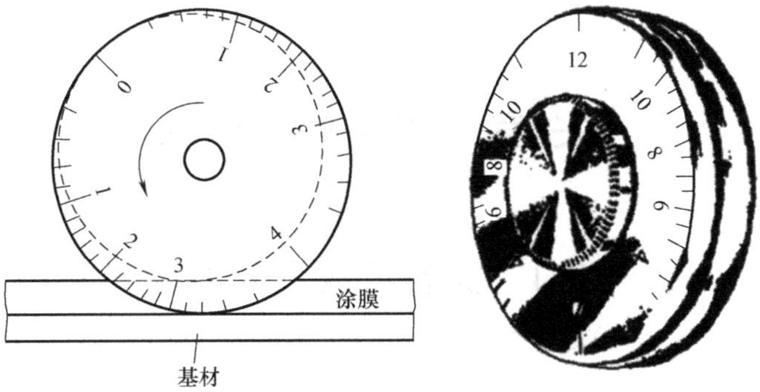

图 4-11　偏心滚轮式湿膜计

第 5 章　减阻内涂涂料

5.1　涂料组成及分类

5.1.1　涂料的基本组成

涂料的组成物质有很多，可分为成膜物、颜料、助剂和溶剂四种，其中成膜物是必不可少的，为了形成具有良好性能的覆盖层，涂料的组分必须选择得当，配比科学、合理。

（1）成膜物

成膜物是形成漆膜的主要物质，分为主要成膜物、次要和辅助成膜物，主要成膜物可以单独成膜，也可以粘结颜料等物质一起成膜，故也称粘结剂。成膜物是组成涂料的基础，决定了涂料的主要性能。

能够作为涂料成膜物的物质很多，如原始的成膜物是植物油、天然树脂胶及虫胶、沥青等天然物质，现在的成膜物包含了现代聚合物工业的许多产品，如早期的醇酸树脂、乙烯树脂，到后来的环氧树脂、聚氨酯树脂，直至聚四氟乙烯、聚酞亚胺及聚苯硫醚等。成膜物按其化学行为可分为两类：一种是在形成漆膜时化学结构不产生变化，只产生从熔化到凝固，或从溶解到溶剂挥发后沉积的物理过程，称为非转化型成膜物；另一种是在形成漆膜时化学结构发生变化，通常使成膜物线型分子聚合成网状结构的体型高聚物，漆膜不溶解、不熔化。

（2）颜料

涂料如果没有颜料则称之为清漆，加入颜料可制成色漆，包括磁漆、调合漆和底漆。颜料一般为细微的粉末物质，分为着色颜料、体积颜料、防锈颜料和特种颜料，可以使漆膜具有装饰、保护作用，可以增强漆膜的机械性能和耐久性能，赋予漆膜耐腐蚀、导电、抗生物等性能。颜料按来源可分为天然颜料和合成颜料，按化学成分可分为有机颜料和无机颜料。无机颜料都是以粉末固态存在于涂料和漆膜中，有机颜料则是溶解在涂料中、非常均匀地分布在漆膜中。

（3）助剂

助剂是涂料的组成部分，起改进涂料或漆膜某一特定性能的作用，包括多种无机物、有机物和聚合物。对不同的涂料、不同的性能要求，使用不同的助剂。助剂目前分为四种类型：

1）对涂料生产过程起作用的助剂：消泡剂、润滑剂、分散剂和乳化剂等；

2）对涂料储存起作用的助剂：防结皮剂、防沉剂等；

3）对涂料施工、成膜过程起作用的助剂：催干剂、固化剂、流平剂和防流挂剂等；

4）对漆膜性能起作用的助剂：抗氧化剂、紫外线吸收剂、增塑剂等。

（4）溶剂

除无溶剂涂料之外，溶剂是所有液态涂料的一个基本组成部分。溶剂的作用是溶解或分散成膜物，使涂料成为液态，能够被涂布成为漆膜。涂料形成漆膜时，溶剂便挥发进入大气，不应有溶剂残留于漆膜之中。溶剂可分为能够溶解成膜物的溶剂（真溶剂）、能够稀释成膜物溶液及涂料的溶剂（稀释剂），以及能够使成膜物均匀分散在涂料中的溶剂（分散剂）。

由于涂料工业大量使用的溶剂为有机溶剂，对人、对环境都有危害，所以应尽量少用有机溶剂。通常，乙烯类涂料、橡胶类涂料的固体分在 20%～40%间，常规液态涂料的固体分在 40%～60%左右，高性能、长寿命涂料大多为厚膜型，固体分高达 70%以上，无溶剂涂料的固体分在 90%以上。

5.1.2　涂料的分类

1. 按成膜物材料的种类分

我国化工行业按涂料的主要成膜物制定了对涂料进行分类的方法，并制定了系统的涂料产品的命名方法。目前，涂料产品共分为 18 大类，其中把辅助材料也归为一类，见表 5-1。

表 5-1 中涂料的分类基本是针对常规的液态涂料，从广义而言，涂料是指形成覆盖层的材料，因此，涂料也常常采用下述几种方法分类。

涂料分类表　　表 5-1

序号	代号	发音	名称
1	Y	衣	油脂
2	T	特	天然树脂
3	F	佛	酚醛树脂
4	L	勒	沥青
5	C	雌	醇酸树脂
6	A	啊	氨基树脂
7	Q	欺	硝基树脂
8	M	摸	纤维素及醛类
9	G	哥	过氯乙烯树脂
10	X	希	乙烯树脂
11	B	玻	丙烯酸树脂
12	Z	资	聚酯树脂
13	H	喝	环氧树脂
14	S	思	聚氨基甲酸酯
15	W	乌	元素有机聚合物
16	J	基	橡胶
17	E	鹅	其他
18	—	—	辅助材料

2. 按覆盖层成型时是否发生化学变化分

按覆盖层成型时是否产生化学变化可将涂料分为反应型涂料和非反应型涂料。

常规的液态涂料大多数种类为反应型涂料，典型的如油漆、醇酸树脂漆、酚醛树脂漆、环氧树脂漆、聚氨酯漆等，环氧粉末涂料也属于反应型涂料。沥青质涂料、聚乙烯粉末涂料、各种胶带、收缩带和防腐带、挤出成型材料等都是非反应型涂料。

3. 按涂料的防护作用分

按涂料的防护作用可将涂料分为防锈、防蚀和减阻三大类。防锈涂料是指防止钢铁受自然因素作用产生锈蚀的涂料，在涂料分类命名法中称为底漆及防锈漆，在防腐层中作为底层或独立成为防腐层；防蚀涂料是指防止金属受化学介质（含气体介质）产生腐蚀的涂料；由于管道带有压力、介质流动过程中有摩擦，以减少摩擦阻力为目的，在管道内壁涂覆的涂料则称为减阻涂料，这是一种专用涂料。在实际应用中，防锈漆、防蚀漆常常结合使用，使用范围也相互交错，但作为减阻型涂料虽然也有一定的防蚀功能，但因它的特殊应用条件和特定的施工工艺，使得它具有专用性。

（1）防锈涂料具有良好的防锈性能，其主要原因是有防锈颜料。防锈颜料有两种，即物理防锈颜料和化学防锈颜料。

物理防锈颜料本身没有防锈能力，当和成膜物等涂料组分合理配用时，就能够起到阻止水分及腐蚀性介质渗透的作用，从而增强漆膜的防锈能力。这类涂料主要有铁红防锈底漆、云母氧化铁防锈底漆、氧化锌防锈底漆、铝粉防锈底漆及石墨防锈底漆等。

化学防锈颜料是借助化学作用抑制锈蚀反应的一类颜料，如红丹含有一氧化铅，能够将随水分一起渗透进入漆膜的酸性物质中和；红丹还含有过氧化铅，可以将低价铁离子氧化为高价铁氧化物，在钢铁表面生成牢固的高价铁氧化物。

（2）防蚀涂料具有很好的耐蚀性、透气性，且渗水性低、附着力强，并有一定机械强度。这类涂料主要有：生漆和漆酚树脂漆、酚醛树脂涂料、沥青涂料、乙烯树脂涂料、环氧树脂涂料、聚氨酯涂料、橡胶类涂料、无机富锌涂料等。

（3）上述的防蚀涂料原则上均可作为减阻涂料用，只不过由于减阻涂料均用于管道内壁，无法更换和维护，因此除了机械强度、附着力要求之外还应有耐磨性和耐介质性的要求。目前国内外大量使用的减阻内涂涂料多为双组分环氧树脂，也有少量使用环氧粉末的报道。

4. 按涂料的物理形态分

按涂料的物理形态可分为液态涂料和固态涂料。

液态涂料通常由成膜物、颜料、助剂和溶剂 4 个成分组成，在涂装前和涂装期间保持液态，在涂装后经干燥形成固态漆膜。

固态涂料有粉末涂料、沥青质涂料、挤出成型塑料、挤出成型橡胶和塑料的共混物，以及防腐胶带等。粉末涂料是由常温下呈固态的成膜物、颜料和助剂经加工处理而得到的粉末状涂料。沥青质涂料包括石油沥青及石油沥青磁漆、煤焦油沥青及煤焦油磁漆，磁漆是由沥青与粉末状矿物填料及起增塑作用的物质等加热熬制而得。聚乙烯、聚丙烯、聚烯烃和橡胶的共聚物等涂料为颗粒状，需要采用挤出机械将其在受热状态下以豁流态挤出，包缠到被涂表面，冷却定型而得到覆盖层。

5.1.3　涂料的干燥机理

涂料的干燥机理有物理干燥和化学干燥两大类。

物理干燥是涂料依靠其中的溶剂挥发而干燥成膜，这类涂料的特点是：干燥迅速、层间互溶、不存在层间附着力差的问题，即没有最长涂装间隔时间的限制，可以在较低的温度下施工。但缺点是：不耐溶剂，通常也不耐各种植物油和动物油。氯化橡胶涂料、乙烯树脂涂料、沥青涂料等均属此类。

化学干燥是涂料依靠其主要成膜物质与空气中的氧或水蒸气反应，或是与固化剂进行化学反应，变成高分子聚合物或缩合物而固化成膜。这些涂料中，领先与空气中氧或水蒸气反应成膜的涂料通常是单一组分罐装，领先氧化成膜的涂料有以干性油为原料的油性涂

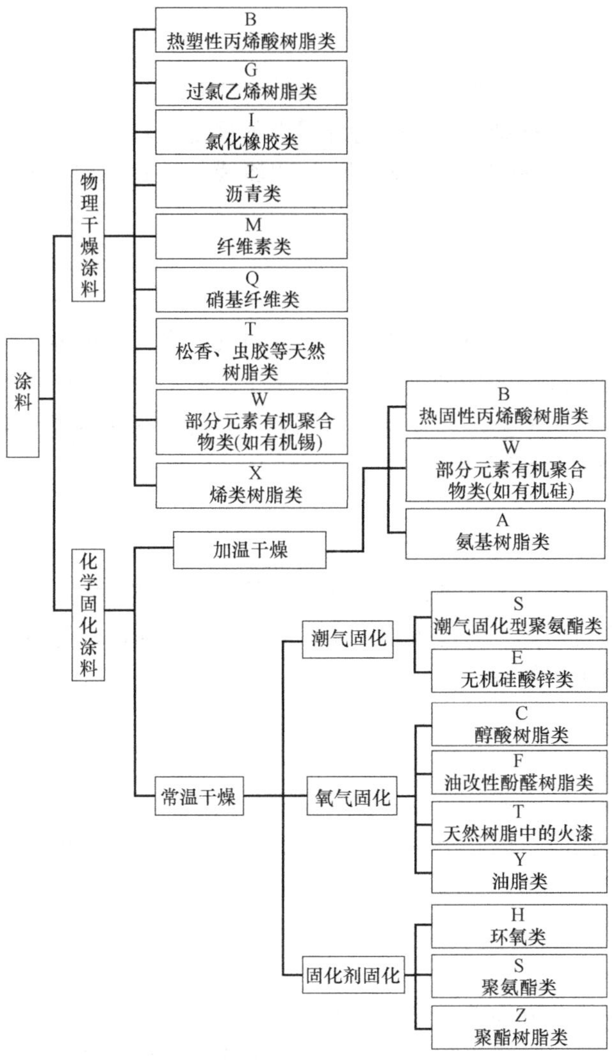

图 5-1　涂料的干燥机理分类

料和油改性醇酸树脂涂料、酚醛树脂涂料等。而领先与固化剂反应固化成膜的涂料通常是双组分两罐装。固化剂固化的涂料的特点是：漆膜坚韧、附着力强、耐机械冲击和磨损、耐油、耐溶剂、耐化学品腐蚀。缺点是：由于化学反应的速度与温度有密切关系，这类涂料低温固化缓慢，而高温固化较快，造成施工困难。另外这类涂料完全固化以后溶剂不易渗透，易引起层间附着不牢，因此有一个最长涂装间隔时间的问题。这类涂料有环氧树脂涂料、聚氨酯涂料、聚酯树脂涂料等。

各种涂料的干燥机理如图 5-1 所示。

5.2 减阻内涂涂料性能的基本要求

减阻内涂涂料性能的基本要求主要有：粘结力、渗透性、耐磨性、耐压性、耐热性、化学稳定性、耐蚀性及光泽度等。

5.2.1 粘结力

粘结力是涂料的最重要的性能。水汽等腐蚀介质要通过覆盖层和被涂覆钢表面之间的界面与钢表面基体接触，粘结力强可保持此界面的稳定，避免水汽渗透到覆盖层下面，防止膜下腐蚀介质的富集，从而防止膜下腐蚀和漆膜起泡；粘结力强还可减少机械力的损伤。

5.2.2 渗透性

渗透性有两层含义：一是对水的渗透；二是对气的渗透。抗渗水性对覆盖层来说是很重要的，因为和覆盖层接触的环境或介质都少不了水，水的渗透将导致与钢表面的直接接触，发生腐蚀作用，剥离覆盖层，尤其是当钢表面有盐分存在时更为突出；透气性低可以防止氧气等介质渗透到钢表面，直接发生腐蚀作用。

5.2.3 耐磨性

由于减阻内涂覆盖层的工作条件是处在介质的不断摩擦之中，需承受住介质和所含杂质的摩擦损耗，且作为天然气管道来说，正常的清管也会对内壁造成磨损，因此耐磨性是减阻内涂涂料的一项重要指标。

5.2.4 耐压性

管道输送液体或气体介质都要有一定的压力，减阻内覆盖层在这种状况下工作，当管道发生故障或异常泄漏时，因其突发的降压可能造成覆盖层的起泡，为此对减阻内覆盖层要有耐压的性能要求。

5.2.5 耐热性

耐热性要求是出于两方面的考虑：一是运行过程中因介质与管内壁的摩擦产生的热量造成管壁温度升高；二是在管道防腐作业时，当采用“先内后外”工艺时，因为外防腐层施工过程中可能会有 250℃的高温，内涂涂料应能承受住这一短时的高温作用。

5.2.6　化学稳定性和耐蚀性

由于天然气介质可能混有汽油、醇类、润滑油等杂质，其凝聚物都有可能造成内覆盖层的破坏和腐蚀，所以内涂的涂料必须具有化学稳定性和耐蚀性，来抵御这些物质的腐蚀与破坏。

虽然正常的天然气中不含腐蚀性物质，但在管道施工过程中和运行中仍有腐蚀的可能性，如空气中水汽和介质中的冷凝物等，在这种条件下内涂涂料可起到防止腐蚀的作用。

5.2.7　覆盖层的光泽度

用于减阻内涂的覆盖层要有一定的光泽度，光泽度反映出覆盖层的光滑程度，表面越光滑，摩阻越小，减阻的效果也就越好。

除上述性能之外还有柔韧性、硬度、耐久性、易涂装等也是内涂涂料应具有的性能。

5.3　内涂涂料的选择

5.3.1　选择的原则

目前，国内外干线天然气管道由于趋向于采用大口径、高压输送工艺，管线运行时输量、压力等参数经常会发生波动，此外，定期清管器的外力作用等都对内涂层材料的性能提出很高的要求。天然气管道内涂层一旦应用就必须达到设计所要求的减阻效果，投产以后在管线的设计使用寿命期内，如果涂层发生损坏、剥离和起泡等缺陷将难以弥补，轻者造成减阻效果的严重下降，据国外有关试验证明，当涂层剥离或起泡面积为 10%时，管道输送效率则会降低 20%或 40%，更为严重的是剥离的涂层会堵塞压缩机的过滤网及阀门，造成管道不必要的停输。因此，在保证涂层施工质量的前提下，选择合适的内涂层涂料尤为重要。内涂层涂料的选择原则应为：

（1）所选涂料的性能必须满足《非腐蚀性天然气输送管内壁覆盖层推荐做法》Q/CNPC 37—2002 和相关技术标准的要求，如《钢质管道和接头内覆盖层涂料的技术要求》GBE/CM2 等。

（2）所选涂料必须具有成功应用的历史业绩，并能提供跟踪记录。对于新涂料，因为没有业绩，所以在应用前应对其性能严格按照技术标准的要求进行测试，并出具权威部门的证明，使用寿命应能满足设计要求，在寿命期内不应发生剥离和脱落等问题。

（3）固化后的涂层应符合 API 标准中的起泡试验要求。

（4）所选涂料应对储存两年的管子提供良好的保护，并能提供充分的证据。

（5）涂层必须具有良好的表面光滑度（能提供粗糙度数值）。

5.3.2　涂料品种的确定

适用于天然气管道内涂的涂料品种很多，要从经济价格比中选出最为经济的内涂涂料。美国天然气协会（AGA）的管道研究会曾经进行过一个 NB14 的研究项目，对天然气管道内表面的涂料进行研究和筛选，在对 38 种各类涂料进行研究后，最终认为环氧树脂型液体涂料，特别是聚酞胺固化的环氧树脂，最适合于天然粉末涂料。

环氧树脂涂料是 20 世纪最重要的涂料技术之一。从 20 世纪 40 年代末发展至今，已形成厚浆型、水分散涂料、无溶剂涂料和粉末涂料，环氧树脂涂料是广泛使用的长效防腐涂料，它是由涂料中的环氧树脂分子和固化剂发生交联反应固化而成，利用环氧基的反应活性，可以用各种树脂对环氧树脂进行改性，制得各种具有良好使用性能的涂料。环氧涂料的主要特性如下：

(1) 极好的粘结性

环氧树脂分子含有羟基和醚键，氧分子对临界面上金属的电子具有强吸引力。固化时，活泼的环氧基能够和金属表面的游离价键反应，形成牢固的化学键。

(2) 优良的化学稳定性

环氧树脂涂覆层结构致密，固化时无小分子物质产生，涂覆层不易产生气隙。环氧树脂分子中含有稳定的苯环、醚键，虽然有亲水性的羟基，但树脂的交联结构的隔离作用可以削弱羟基的亲水作用，涂覆层性能稳定。因此，水和其他介质难以对覆盖层产生破坏作用，也难以通过覆盖层，渗透到金属表面，对金属产生腐蚀。

(3) 良好的机械性能

固化后的环氧树脂覆盖层中，既有刚性的苯环，又有短的柔性烃链，因此覆盖层坚硬，略具柔性。覆盖层固化时收缩率小，覆盖层热膨胀系数小，与被涂覆的金属表面之间应力小，这一特性可确保内涂材料的耐温和耐应力作用的要求，能承受住大的压力变化，覆盖层受机械外力作用不容易产生破损。

(4) 优良的耐磨性和防腐性

固化后的环氧树脂层中，既有刚性的苯环，又有短的柔性烃链。可使覆盖层坚硬、耐磨、柔韧、防渗透，而具有良好的耐磨性和防腐性。此外，环氧树脂还具有良好的电绝缘性。

5.3.3 典型的内涂涂料

1. 双组分液体环氧涂料

双组分液体环氧涂料以环氧树脂作为主要成膜物质，其环氧值为 0.18～0.22，固化剂采用胺类固化剂。目前，这种涂料主要有胺加成物固化环氧涂料、聚酞胺固化环氧涂料、环氧沥青涂料和无溶剂环氧涂料等，它们具有以下几个特点：

(1) 极强的附着力：环氧树脂分子结构中含有大量的羟基和醚基等极性基团，加之在固化过程中，活泼的环氧基能与界面金属原子反应形成牢固的化学键结合，使涂层的附着力很强。

(2) 优异的耐磨、耐腐蚀性：环氧树脂中的苯环和固化后涂膜的较高交联密度，可使涂层坚硬、柔韧、防渗透性强，耐水、耐溶剂性好，此外，由于主链结构中醚键的较高化学稳定性，也使得涂膜的抗酸和抗碱作用优良，耐化学性好。

(3) 适合高压输气管道，能承受压力变化：由于环氧树脂涂层固化时体积收缩小，热膨胀系数小，因此抗温度和应力作用强，分子中刚性的苯环和柔性的羟基，使得固化后的涂膜坚硬而柔韧，物理力学性能良好。

（4）电绝缘性好：由于环氧树脂涂膜具有稳定性和致密性的特点，因此涂层具有良好的电绝缘性。

现场施工时，由于双组分液体环氧涂料是由甲、乙两种组分混合均匀后进行喷涂，因此，必须在产品规定的适用期（Pot life）内用完。一般液体环氧涂料混合后的适用期为8～24h。

目前，生产天然气管道内涂层用液体环氧涂料的国外公司主要有英国的 E. WOOD 公司、美国的 NAPKO 公司、日本的环齐（Kansai）涂料有限公司、大日本涂料公司（DNT）、丹麦的 HEMPEL 涂料集团、荷兰的 SigmaKalon 涂料公司等，这些公司的内涂料广泛应用于世界各地的天然气管道上，业绩良好，产品性能基本相同。表 5-2 给出了英国著名的 E. WOOD 公司生产的 OPON EP 2306HF 型涂料的主要性能，该涂料为双组分溶剂型环氧涂料，干膜厚度 65μm，理论涂教率 7.4m³/L，符合英国 GBE/CM2 标准和美国 API RP 5L2 标准的有关规定，非常适合作天然气管道的内涂层。

COPON EP 2306HF 涂料的主要性能　　表 5-2

项　目		测试值	测试方法
耐磨		90mg(cs17 转轮,kg,1000 转)	ASTM D4060
抗冲击	直接冲击	5.0mm	BS 3900 E3
	反响冲击	2.5mm	
耐干热		100C 通过	ASTM D248
粘结强度	对拉	3.92MPa(550psi)	ASTM 4541
	剪切	13.79kg/(2000psi)	ASTM D1002
铅笔硬度		HB	ASTM D336
耐盐雾		5000h 无变化	ASTM B117
柔韧性		12.7mm(1/2in)通过 36%	BS 3900 E1 ASTM D522-4
耐湿度		5000h 无变化	BS3900 Part F2
抗刻划		无破坏(载荷 2.5kg)	BS3900 Part E2

《非腐蚀性气体输送管道内覆盖层推荐准则》API RP 5L2—2002 在覆盖层材料的技术要求一节中对非腐蚀性天然气长输管道内涂层用液体环氧涂料的性能指标和检测方法做了规定。

2. 环氧粉末涂料

粉末涂料根据成膜物质的不同可以分为两大类：以热塑性树脂为成膜物质的叫热塑性粉末涂料；以热固性树脂为成膜物质的叫热固性粉末涂料。早在 20 世纪 30 年代后期就已实现了热塑性粉末涂料的工业化生产（如聚乙烯粉末涂料的应用），1964 年开发了热固性环氧粉末涂料。粉末涂料及其涂装技术以其省资源、省能源、无溶剂、无公害、生产效率高和喷溢涂料可回收再用等特点，在世界各国得到广泛应用。近年来，工业发达国家由于石油危机的冲击和防止公害的约束，在涂料品种方面出现了热塑性粉末涂料向热固性粉末涂料转变的趋势，尤其是对于石油天然气管道内涂层材料而言，热固性粉末涂料更是独占鳌头。

热固性环氧树脂粉末涂料由热固性树脂、固化剂（或交联树脂）、颜料、填料和助剂等组成。其中树脂既是粉末涂料的主要成膜物质，又是决定涂料性质和涂膜性质的最主要成分。一般来讲，由于树脂本身的相对分子质量比较小，熔融粘度低，熔融温度与分解温度间的温差大，不能成膜，只有在烘烤条件下与固化剂（或交联树脂）起化学反应交联成体型结构后，才成为具有一定物理机械性能和耐化学品性能的涂膜。目前，环氧粉末涂料所用树脂主要有双酚 A 型环氧树脂、线性酚醛改性环氧树脂和脂环族环氧树脂等，软化点为 80～100℃。对于油气管道内外壁涂装所用的环氧树脂一般是将线性酚醛环氧树脂与双酚 A 型环氧树脂配合使用，品种主要有线性苯酚甲醛环氧树脂和线性甲酚甲醛环氧树脂等，由于增加了树脂官能度，不仅可使树脂的固化反应速度快，而且交联密度也提高了，增强了涂膜的耐热性、耐溶剂性和耐化学品性。环氧粉末涂料的特点主要有：

（1）粉末涂料的熔融粘度低，涂膜流平性好；固化时没有副产物产生，涂膜外观平整、光滑，基本上没有针孔等缺陷。

（2）附着力好。由于环氧树脂分子内有羟基，对金属底材的附着力强，一般不需要底漆。

（3）涂膜硬度高，耐划伤性好。

（4）由于在环氧树脂结构中既有双酚 A 骨架，又有柔韧性好的醚链，因此，涂膜的物理机械性能良好。

（5）在成膜物结构的骨架上没有酯基，比聚酯—环氧粉末涂料的耐腐蚀性和耐化学品性能好。

（6）固化剂品种的选择范围宽，主要有双氰胺、双氰胺衍生物、咪唑类、环咪类和酚醛树脂等。

（7）涂料应用范围广，涂装适应性好，可采用多种方法进行涂装。

国外在油气管道上使用环氧粉末涂料已有 40 多年的历史，主要用于长输管道的外防腐、油田小口径套管（或钻杆）的内防腐，也在大口径输水管线上用于内涂层。由于其优异的技术性能，用量在不断增长，在各种涂料中占据了主导地位。国外生产管道用环氧粉末的著名厂商有美国的 3M 公司、弗勒—奥伯兰公司等，它们的产品广泛应用于世界各地的油气管道。近几年，国内一些中外合资环氧粉末涂料生产厂家由于采用国外的先进技术和生产工艺，不断地研制和改进配方，其产品的一些重要性能和指标已经达到了国际先进水平，表 5-3 为国内外管道用环氧粉末涂料的性能对比表。

国内外管道用环氧粉末涂料的性能对比 **表 5-3**

序号	测试项目	单位	预定技术指标	美国 3M	杜邦 72500	廊坊燕美
1	固化时间(230℃)	min	≤1.5	1.5	1.5	1.5
2	密度	g/cm^3	1.3～1.5	1.5	1.41	1.45
3	不挥发物	%	≥99.4	99.7	99.7	99.6
4	磁性物含量	%	≤0.002	0.0015	0.002	0.002
5	胶化时间(180℃)	s	≤90	58	56	24

续表

序号	测试项目	单位	预定技术指标	美国 3M	杜邦 72500	廊坊燕美
6	粒度 250μm	%	≤0.2	0	0	0
	分布 150μm	%	≤3.0	0	0.0085	0.083
7	附着力	级	1～3	1	1	1
8	抗冲击强度	>1.5J	无针孔	无针孔	无针孔	无针孔
9	抗弯曲	3°	无裂纹	无裂纹	无裂纹	无裂纹
10	48h 阴极剥离	mm	≤8	2.0	2.0	3.5
11	28d 阴极剥离	mm	≤10	9.0	9.0	5
12	击穿强度	MV/m	≥30	41.7	34.2	43.4
13	体积电阻率	Ω·m	$\geqslant 1\times10^{3}$	8.92×10^{13}	3.39×10^{13}	1.27×10^{14}
14	落砂耐磨	L/μm	≥3	6.5	3.3	3.2
15	粘结面孔隙率	级	1～4	1	1	1
16	断面孔隙率	级	1～5	1	1	1
17	固化百分比	%	—	99	99	99
18	耐化学腐蚀	90d	合格	—	—	—

对于热固性熔结环氧粉末涂料的质量检验，国际上一般采用《管线无底漆熔结环氧内涂层的推荐做法》APIRP5L7—1988，以及参考美国给水工程协会标准 ANSI/AWWA C 213-91、加拿大标准 CAN/CSA245.20-M92 和美国材料与试验协会 ASTM 标准等。

除上面提到的液体环氧涂料和熔结环氧粉末涂料外，还有其他一些性能良好的涂料可用于管道的内涂层，比如，在日本，油气管道内涂层材料使用较多的是酚醛环氧树脂涂料，这种涂料机械性能好，耐化学品腐蚀，耐热温度可达 120℃，日本钢管公司（NKK）生产的天然气内涂层管道就是使用酚醛环氧树脂涂料涂敷的。在美国，广泛使用环氧煤焦油涂料，它主要是由环氧树脂与煤焦油沥青按一定比例配成的，这种内涂层涂料性能良好，成本低，对酸、碱、盐、水等都有较好的抗腐蚀性能。

此外，为配合现场外防腐层的施工、天然气管道在运行过程中的压力变化以及清管作业等对内涂层性能的影响，国外涂料行业的研究人员通过对传统涂料配方不断地改进和研究，使内涂层涂料的耐热性和耐久性有了明显的提高，开发了适合不同条件下使用的耐热型和耐久型内涂层涂料，下面分别介绍这两种涂料。

3. 耐热型硫醇加合物固化环氧树脂涂料

管道内、外涂层联合施工工艺可简单分为“先外后内”和“先内后外”两种。对于“先外后内”涂敷工艺，由于是在外涂层涂敷完成后再进行内涂敷，因此一般不涉及内涂层耐热性问题。但是这种工艺也存在一些弊端，例如，在涂敷内涂层时由于管子的机械旋转、搬动等会损坏外涂层。而“先内后外”工艺虽然涂敷时不存在外涂层损坏的问题，但是外涂层采用环氧粉末（FBE）喷涂时由于需要高达230℃的加热，这往往会影响甚至损坏内涂层的性能。国外的研究人员通过大量的试验发现，用硫醇加合物固化环氧树脂涂料涂敷的内涂层热解温度可以高达266℃，在外涂层作业时耐热性极强，经耐热性试验证明，这种涂料在“先内后外”工艺条件下施工，完全能够满足APIRP5L2标准对天然气管道内涂层材料的要求。国外的研究人员对胺加合物、聚酞胺、酸醋和硫醇加合物这四种环氧树脂涂料进行了试验室耐热性试验，在260℃条件下加热30min后，观察只有用硫醇加合物环氧树脂涂料涂敷的板条涂层的光泽面最好，并保持了很好的弯曲能力和柔韧性，而用其他三种涂料涂敷的板条上涂层光泽面均较差，且弯曲能力丧失，这主要是因为普通环氧树脂涂料的热分解是由于其分子结构中自由基链式反应引起的，而在硫醇加合物固化环氧树脂中由于硫醇基（—SH）和硫醚基（—S—）的稳定效应，阻止了氧化链式反应中充当中间体的过氧化物自由基的生成，因此能够有效地提高涂料本身的耐热性能。

表5-4和表5-5分别给出了硫醇加合物固化环氧树脂涂料与普通胺加合物环氧涂料组分及基本性能的对比，表5-6是硫醇加合物固化环氧树脂涂层按照APIRP 5L2标准在260℃加热30min前后性能的试验结果。

硫醇加合物固化环氧树脂涂料与普通胺加合物环氧涂料的组分对比　　表5-4

	组分		硫醇加合物涂料	胺加合物涂料
组分A	单体树脂	型号	双酚A 双环氧甘油醚	双酚A 双环氧甘油醚
		环氧树脂当量	470	470
		相对分子质量	900	900
	填料		铁红、氯化钡、碱性 硫酸铅、主体颜料	铁红、氯化钡、碱性 硫酸铅、主体颜料
组分B	转化物	类型	硫醇加合物涂料	胺加合物
		活化的氢当量	476mgKOH/g	240mgKOH/g
	混合比		6∶1	5∶2

硫醇加合物固化环氧树脂涂料与普通胺加合物环氧涂料的基本性能对比　　表5-5

项目	性能		硫醇加合物涂料	胺加合物涂料
预料	相对密度	组分A	1.58	1.58
		组分B	1.09	0.97
		混合物	1.51	1.45
	固体分		0.594	0.541
	试用期		8h以上	8h
	粘度(Ford Cup)		40～80s	40～80s
固化涂层	热解温度		266℃	200℃
	玻璃化转变温度		64℃	75℃
	抗拉强度		560kg/cm^2	560kg/cm^2
	伸长率		0.064	0.055

按照 APIRP5L2 标准硫醇加合物固化环氧树脂涂层在 260℃ 加热 30min 前后性能试验结果

表 5-6

实验项目	结果		加热前
	加热前	加热后	
水浸泡	通过	通过	饱和 $CaSO_3$ 溶液 21d
甲醇浸泡	通过	通过	甲醇—水，5d
附着力	225/225	225/225	$650mm^2$ 上开 1.6mm 十字口
气体失压起泡	通过	通过	氮气，$84kg/cm^2$，24h
耐磨性	40	60	ASTM D968，方法 A
液体失压起泡	通过	通过	饱和 $CaSO_3$，$169kg/cm^2$，24h
固化试验	通过	通过	在溶剂中浸泡 4h

4. 内涂层耐久性的改善

在天然气管线的长期运行中，一方面，由于天然气中所含水、氧和硫化氢的腐蚀作用，造成涂层的粘结力下降，性能恶化；另一方面，由于管线的快速泄压和定期清管等外力的作用，使涂层发生起泡和（或）剥离现象，阻塞压缩机进口滤网或阀门，这些问题的发生不仅严重影响了管线的安全运行，降低了内涂层的使用寿命，而且还大大降低了管道的输送效率，限制了内涂层减阻技术的推广应用。

日本新日铁公司（Nippon Steel Co.）和日本立邦油漆有限公司（Nippon Steel Co. Ltd）的研究人员经过筛选、对比试验研究发现，在环氧树脂涂料中添加对硫化氢不起化学作用的颜料，如 ZTO 型铬酸锌，可有效地改进内涂层的耐久性能。这种改进型环氧涂料主要由双酚 A 环氧树脂、胺加合物型固化剂、ZTO 型铬酸锌、云母和氧化锌组成，其中，防腐蚀颜料 ZTO 型铬酸锌的组分是铬酸锌和氢氧化锌，它与传统的防腐颜料相比，暴露在硫化氢环境中后，其质量变化很小，且水溶性较低。着色颜料选用对硫化氢环境有较高稳定性和较低水溶性的氧化锌；体质颜料（又称填料）选用性能稳定、耐酸、耐磨的云母。研究人员对改进型环氧涂料与普通环氧涂料进行了耐久性对比试验，试验结果表明，两种涂料的性能均符合 APIRP5L2 标准的规定，且粘结强度都高于快速泄压情

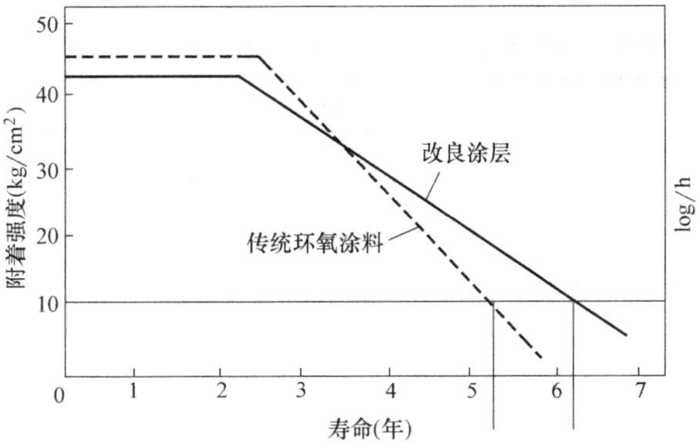

图 5-2　改良涂层（寿命预计 287 年）与传统环氧涂层（寿命预计 34 年）的粘结强度和寿命估算对比关系

况下涂层发生起泡或剥离的最小粘结强度值 $10kg/cm^2$，但是在 30℃、标准大气压在 1atm 和浓度为 3%硫化氢（97%的氮气）环境下，改进型涂层的使用寿命超过 100 年，而传统环氧树脂涂层的估算寿命仅为 34 年。二者粘结强度与寿命估算对比关系如图5-2所示。

5. 新型无机复合涂层

众所周知，传统的有机防腐涂料，由于材料本身的老化问题，经过一段时间后涂层的防腐性能会逐渐下降，因此很难对管线进行长期无缺陷的防腐保护。随着国内“西气东输”等长输天然气管线的规划建设，在提高管线输送效率和防腐蚀的同时，如何防止高压天然气管道的氢致裂纹（HIC）和硫化氢应力腐蚀开裂（SSC）也是目前大家普遍关注的一个焦点问题。国外大口径高压干线天然气管道一般采用抗 HIC 的合金管材，钢级达到 X70、X80 或 X90，甚至已经开始研制 X100 或 X120 钢管，而我国的冶金和制管技术设备比较落后，还不能制造大口径、适合高压天然气管道使用的 X70 级合金钢管材。过去国内老的天然气管线虽然采用低碳钢管，但都是低压输送，管道内腐蚀和氢致开裂造成的事故时有发生，严重影响管道的安全运行。像“西气东输”这样的高压天然气干线管道，普通的碳钢管材是很难满足设计要求的，尤其是抗氢止裂问题。近年来，一些涂料研究机构的技术人员经过多年努力，成功研制开发了一种新型的适合管道内外喷涂的涂料产品——热喷玻璃釉涂料。这种涂料采用新型无机玻璃物质复合材料，在高温条件下喷涂到钢管的内外表面上，形成玻璃与金属的复合防腐涂层。

涂层表面光滑平整，耐蚀性、耐候性、耐磨性优异，同时可以经 $80\sim100kg/mm^2$ 的压力变化，是天然气管道理想的内外壁防腐和内减阻涂层材料，其物理化学性能见表5-7。研究机构对金属—玻璃釉热喷复合防腐管道进行的抗 HIC 测试表明，采用该涂料涂敷后的碳钢钢管静态试验中抗 HIC 性能良好。这说明碳钢钢管热喷玻璃釉涂层后改变了碳钢表面结构和抗氢能力，使碳钢管获得与合金钢管（简称 HIC 钢管）质量相当的应用效果，这样就可以使碳钢管材应用到干线天然气管道的建设中，从而大幅度降低天然气管道的工程造价。目前，热喷玻璃釉技术已进入工业化应用阶段，涂敷工艺与环氧粉末基本相同，涂料生产线和喷釉作业线的制造技术成熟，适合在长输天然气管道上推广应用，发展前景良好。

无机玻璃釉涂层的物理、机械和化学性能测试结果 **表 5-7**

测试项目	单位	测试结果
体积电阻率	Ω·m	2.7×10^{11}
表面电阻率	Ω	5.3×10^{13}
工频击穿强度	MV/m	9.06
抗冲击强度	J	1.94
抗弯曲试验	级	匹
附着力试验	级	—
落砂耐磨值	L/μm	5.8
阴极剥离距离	Mn	1

续表

测试项目	单位	测试结果
绝缘电阻	$\Omega \cdot m^2$	4.1×10^5
10%HCl 溶液浸泡	—	涂层无变化
5%NaOH 溶液浸泡	—	涂层无变化
10%NaCl 溶液浸泡	—	涂层无变化
10%NaCl+H_2SO_4溶液浸泡	—	涂层无变化
蒸馏水浸泡	—	涂层无变化

5.3.4 涂料选择实例

在国内，“西气东输”工程中首次采用了减阻内涂技术，对于涂料的选择采取国外标准，即必须符合 APIRP5L2 和 GBE/CM2 标准的要求。为了更结合本项工程实际，设计人员参照美国 AL-LIANCE 管道编制了有关内涂涂料的技术规格书。由于“西气东输”外部防腐层采用三层 PE，考虑到与外防腐层的关系，有的施工单位可能采取“先内后外”工艺，所以对内涂涂料有了耐热的要求。

内涂的涂料由带有颜料的环氧树脂、固化剂、溶剂等组成，按标准要求，供货商应提供有关涂料性能的资料和证明文件。另外，考虑到这是国内第一次采用，没有实践经验，所以特别强调了涂料的使用业绩。如果没有这种成功的业绩，则要求制造商提供产品通过严格和广泛的试验室及短期现场试验的等效性能证明。

第 6 章　内涂涂覆工艺

6.1　总　　则

本章主要阐述天然气输送管道减阻内涂涂覆工艺的基本要求，包括涂覆商的资质条件、表面处理、环境条件、涂装工艺等。

在国内首次采用减阻内涂技术的是“西气东输”工程，其内涂工艺中的基本参数是：

（1）表面粗糙度

表面处理后：30～50μm

内涂后：≤10μm

（2）内涂覆膜厚度

干膜：65～75μm

湿膜：130～150μm

湿膜厚度依涂料的固体含量不同而不同，最终以干膜厚度为准。

（3）表面处理标准（GB/T 8923）：Sa 2.5 级。

英国 GBE/CM1 标准中对覆盖层规定为：

（1）覆盖层的最小干膜厚度应大于 50μm（不含特殊要求）；

（2）湿膜厚度应为涂料供应商所推荐的确保干膜厚度不低于 50μm 的最低值。

6.2　基本技术要求

6.2.1　对涂覆商的要求

涂覆商（公司）在生产前应向业主提供涂覆作业技术规范和质量保证及质量控制的技术文件，由业主审定认可，在业主批准之前不得开工。

涂覆商（公司）向业主提供的资质材料如下：

（1）公司的营业执照及 ISO 9000 认可证明（含公司历史和业绩）；

（2）用于涂覆的生产设备的技术条件说明；

（3）生产工艺程序说明；

（4）钢管表面处理的技术说明（含抛丸机参数、磨料粒度及砂丸比例、锚纹深度的控制及清洁度检测标准）；

（5）生产能力说明；

（6）检测项目的内容、次数和方法；

（7）和外涂之间的关系处理。

6.2.2　内涂覆施工的基本程序

内涂覆施工的基本程序是：进管检查→管道预热→表面处理→除尘→端部胶带→无气喷涂→加速固化→检验→堆放（储存待运）。

6.3　内涂覆工艺的生产设备

6.3.1　上管平台

上管平台通常由两根带有支腿的工字钢组成，上面有一些保护性材料，防止损伤钢管表面或外防腐层。上管平台一般长 20m 左右，有的平台达 30m 以上。涂覆作业时，通过吊装或搬运机具将管子搬至上管平台上。

6.3.2　预热设备

预热方式主要有三种：中频感应加热、热风加热和火焰加热。

中频感应加热和火焰加热方式加热速度快，调节方便，相对热风加热能耗低。具体的预热方式可根据生产速度和现场条件来选用。

6.3.3　内表面抛丸清理设备

对于大直径管子，用抛丸方法不仅可以除去钢管表面的锈迹、氧化皮，而且可使钢管表面强化，消除残余应力，提高耐疲劳性能和耐应力腐蚀性能，并具有磨料利用率高、速度快、成本低等优点。表面内抛丸清理设备主要部件如下：

（1）前后抛丸清理室。即钢管两端的护罩，一个为固定护罩，一个为移动护罩。

（2）带有内伸壁的行走小车。可分为前部小车（包括车体、清理室、行走电机、输送臂支撑等）和进给小车（包括车体、液压站、行走电机、控制台、输送臂支撑等）。

（3）输送臂。主要包括旋转支撑、伸臂、输送皮带及电机等。

（4）机械式内抛丸器。主要包括叶轮、叶片、分丸轮、定向套、主动轴、液压马达、皮带及带轮等。

（5）钢丸循环系统。主要包括提升机、分离器、贮料斗、下料阀、底部输送皮带等。

（6）除尘回收系统。主要包括布袋除尘器、风机、管路等。

（7）液压系统和电气控制系统。

（8）转管台。用于钢管进入和退出清理工位以及驱动钢管旋转，主要包括车体、旋管电机、行走电机、液压上、下管机械手和转管机构等。

下面介绍表面处理工艺中几个主要设备的作用：

（1）护罩。护罩是由钢板制成，型钢加强，内衬锰钢减少磨损，易于更换。它的作用是对操作人员进行人身安全的保护、隔离粉尘并将粉尘送到除尘器、回收用过的磨料。

（2）抛丸室和抛头。抛丸室由型钢制作，一端和传送带连接并与行进小车相连，另一端和抛头相连。抛头是一个带有可旋转叶片的整体部件，通过螺栓固定并可接收传送带送来的磨料。工作时叶片旋转，将磨料抛向管子的内表面。抛丸室配有滑轮，确保转管时在管内行走。

（3）磨料回收系统。主要作用是回收抛射过的磨料。通常由下面几部分构成，用于在导轨架下接收磨料：袋式提升机、磨料过滤分离器、磨料漏斗和带平台的供料装置、供料调节阀、布袋除尘器和引风系统。图 6-1 是内抛头的照片，图 6-2 是内抛丸除锈机的端部照片。

（4）行进小车。小车带着抛丸室和液压泵行走，液压泵输出可调，配有冷却系统，小车速度可调。

图 6-1　表面处理内抛头的照片

图 6-2　内抛丸除锈机的端部

（5）除尘系统。通过大功率的引风系统对除锈用过的磨料和粉尘进行处理，主要组件有：引风罩、连接旋风器的引风挡板、大功率旋风分离器、引风管。通常 $500m^2$ 时的除尘器的引风量为 $60000m^3$。

（6）转管平台。转管平台由一个底座构成，安装在地面上，主要功能是旋转被处理的管子，它装有电动的转管轮，轮子角度可调，可将管子送进管罩或移回，它是通过控制台操作的。

典型的内抛丸清理装置构成示意图如图 6-3 所示。弹丸抛射的运动轨迹如图 6-4 所示。

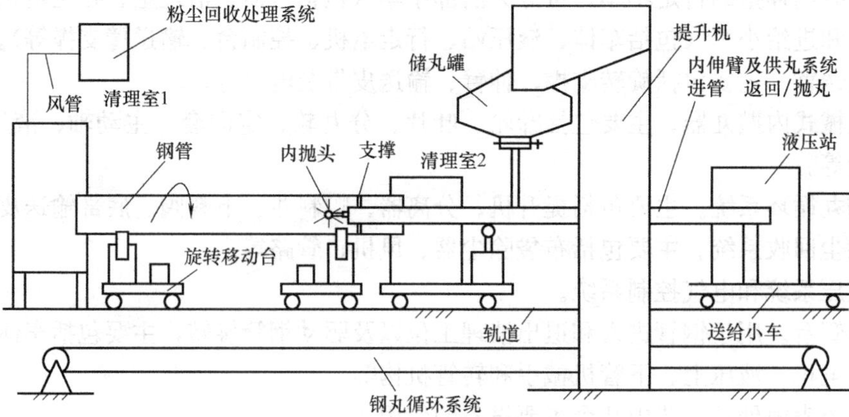

图 6-3　抛丸清理装置示意图

施工工艺：钢管预热后，用拨、接管机构将管子放在旋管移动台上，此时两个旋管台同时移动，将管子送入清理室内，然后前部小车和进给小车同时沿导轨行走。进给小车继续前进，将输送臂、旋转支撑和内抛丸器送入钢管内，当内抛丸器到达钢管端部后，进给小车停止前进。此时启动内抛丸器，输送臂上的输送皮带将提升机供给的丸料送入抛丸器内，开始对管内壁进行清理。一般前伸时就开始抛丸，后退相当于抛第二遍，两次才清理干净。同时进给小车后退至整根管子清理完毕。抛丸器抛射出的丸料除小部分留在管内，其余由清理室、前部小车下部送入丸料循环系统，经分离后重新回到提升机循环使用。在整个清理过程中，除尘回收系统一直工作，保证烟尘不散发出来。

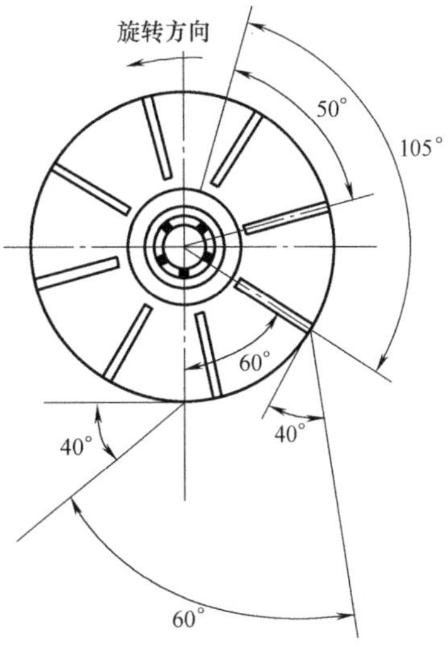

图 6-4　弹丸抛射的运动轨迹

在内涂生产线中表面预处理环节是生产率的关键，主要与管径、清理等级及管子表面状态有关，表 6-1 列出了美国 CR 公司针对管长 12.5m 所用清理设备的生产率。

对于大口径管子，一般生产线的生产率均在 500～550m^2/h 左右，当满足不了这一要求时，有时在一条内涂生产线上要安装两台抛丸设备。这种车间通常所需电力功率为 300kW，压缩空气为 7.5m^3/min。

管长 12.5m 清理达 Sa2.5 的生产率　表 6-1

管道规格(mm)	每小时清理表面积(m^2)	管道规格(mm)	每小时清理表面积(m^2)
304.8	120	914.4	500
406.4	175	1066.88	500
409.6	295	1219.2	500
762.0	425	1422.4	500

6.3.4　内喷涂设备

关于涂料的涂装方式有很多种，有刷涂、辊涂、喷涂等，大型工业化生产线多为喷涂。目前，内涂作业多为高压无气喷涂，与空气喷涂相比，高压无气喷涂是利用高压气体驱动涂料泵，将涂料增至高压，通过狭窄的喷嘴喷出，产生负压，剧烈膨胀，使涂料形成极细的扇形雾状，高速喷向工件表面形成膜层。由于高压无气喷涂压力高，且涂料中没有空气，使传统的空气喷涂中的缺点得以克服，从而提高了漆膜的质量，涂覆层均匀，针孔少，能够减少涂料、溶剂的雾滴对大气的污染，降低成本，改善工人的工作条件。内喷涂采用的高压无气喷涂的方法，是将喷枪装在内伸臂的前端沿管子轴向运动，管子旋转。内喷涂设备的主要组成部件如下：

（1）罩住钢管两端的护罩，即一个固定护罩，一个移动护罩；

（2）涂料预制系统，带搅拌器的混料罐、储料罐；

（3）无气喷涂机；

（4）调速行走小车，车上装有内吹扫用压缩空气管路、高度可调的喷涂内伸臂；

（5）内喷头，配有喷枪、带滚轮的支撑架、输料管、压缩空气管（图 6-5）；

（6）废气处理系统；

（7）电气控制系统；

图 6-5　钢管内喷头的照片

(8) 转管台，即液压上、下管机械手和转管机构，用于钢管进入和退出喷涂工位以及驱动钢管旋转，与除锈工位相同。

6.3.5　固化炉

钢管在涂覆后覆盖层必须干燥，至少达到表干，为了加速干燥，可以采用固化炉快速固化。图 6-6 是一个固化炉示意图，它长 15m、宽 15m、高 3m，炉壁和炉顶加装隔热材料，管子的入口和出口由炉门封闭，采用两台意大利燃烧器，可容纳 10 根管径 1016mm 的钢管，炉内为循环的热风，温度保持在 50～60℃，内涂后的钢管在炉内停留约 40min，达到覆盖层的固化。

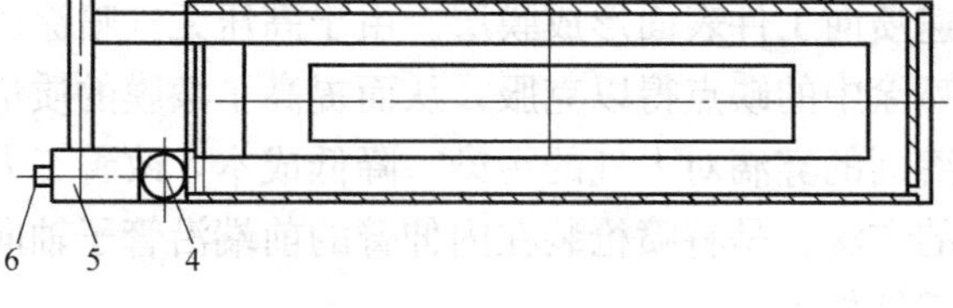

图 6-6　固化炉示意图

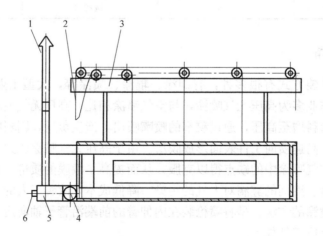

1—烟囱；2—炉门提升机构；3—炉门；4—换热器；5—燃烧室；6—燃烧机

6.3.6　检测仪器

1. 环境条件监测仪器

在涂装过程中，由于环境和工件表面的潮湿经常导致覆盖层质量不佳，如覆盖层附着力差或基体过早腐蚀等问题时而发生。为了确保涂装的质量，对环境条件进行监控十分必要，主要参数有温度、相对湿度和露点。目前使用的多为电子型仪器，图6-7是用于气候条件监测的常用电子仪器的照片。这类仪器测试简便、可靠，通常使用一块带有可互换传感器的测试仪即可同时测量相对湿度、空气和表面温度。其测量数值，如露点、表面温度和露点之间的差值均可自动计算和数字显示。

(1) Elcometer 218露点仪（图6-7的右上角）

露点仪用于监测不利的气候条件，防止固化迟缓、附着力差及过早腐蚀等问题发生。使用该仪器可以测量相对湿度、空气和表面温度，计算露点与表面温度的差值。其测量方法符合ISO 8502-4的要求。仪器的特点有：

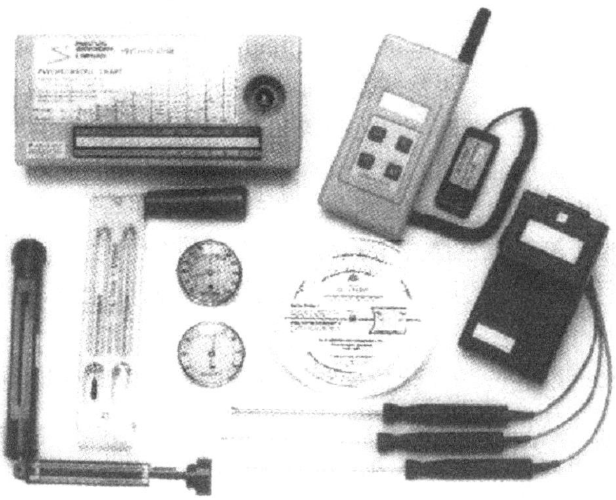

图6-7　气候检测仪

1) 精度高，重现性好，反应快；

2) 可防止涂装在湿表面上进行；

3) 监控环境湿度在可施工范围内，避免了涂覆层与基体之间水分的滞留；

4) 提醒用户注意可造成覆盖层中气泡的极限表面温度。

(2) Elcometer 213数字温度计（图6-7的右下角）

该仪器有三种探头可供选择，用于测量表面和空气温度、液体温度、软体材料的温度（针探头）。特点是精度高、分辨率高、反应快。可与218露点仪的探头互换，实现表面温度连续测量。

照片中还有手摇式和手摇型湿度计、干湿球达因湿度计、磁性温度计和露点计算器。

2. 表面清理检测仪器

涂装前基体表面正确和有效的预处理是至关重要的，其中最关键的因素是表面清洁度和粗糙度。这两个参数对覆盖层与基体表面的附着力有重要影响。表面预处理不充分或不正确常导致覆盖层过早损坏。然而，表面过度预处理又会造成时间和费用上的浪费。因此检测表面清洁度和粗糙度是非常重要的。目前，关于表面清洁度和粗糙度的标准化已经国际化，各国基本一致，并制造出有标准的照片和模板，使用起来很方便。此外，这些仪器中还包括用来测量一些特殊数值的功能，如钢表面的盐污染程度。图 6-8 是用于表面清理检测的仪器汇总。

图 6-8 表面清理检测仪

（1）Elcometer 124 测厚仪（照片中部带有两个手孔的秒表式仪器）

该仪器用于测量任何材料的厚度，测量可从材料的两面进行，可与拓模胶带配套使用。特点是：

1）可与 Elcometer 122 Testex 胶带配合测量表面粗糙度的峰顶到谷底高度；

2）测量方法简便、快速、价廉；

3）拓模胶带可对表面粗糙度提供一个永久性记录；

4）有公制和英制两种类型；

5）方法符合 ASTM D 4417 和 NACE RP 0287 标准的要求。

照片中还给出了几种粗糙度测量仪，这里不再作介绍。

（2）表面比较器（图 6-8 中片状或本状样本）

这些表面粗糙度比较器通过仪器接触表面和人工观察来评估表面粗糙度。它们被分成几部分，每一部分具有互不相同而又确定的粗糙度，并用标签标明。这些表面粗糙度比较器有细砂型（尖角颗粒）和喷丸型（光滑圆状颗粒）。所有这些比较器均符合 ASTM D 4417 标准的要求。除非特殊说明，一般表面粗糙度的数值取决于表面粗糙度的峰顶到谷底的高度或一系列峰顶到谷底高度的平均值。ASTM D 4417 标准中要求选用适当的比较器，通过带有放大功能的或无此功能的观测器观察或接触来比较表面，与实际表面最接近的即可表示该表面的粗糙度。比较应在能表征表面粗糙度的一系列有代表性的位置上进行。

（3）Elcometer 130 SCM 400 盐污测量表（图 6-8 中右上角）

该仪器用于海洋和海滨工况条件及其他大气性盐和工业性盐易沉积的场所。用于涂装前和维修的检查以及受到盐污染影响的各种设备的检测。它的使用方法是用已被去离子水浸湿的特殊滤纸，蘸吸表面上盐水，然后放入到 SCM 400 测量表中。已事先测量过滤纸电阻的 SCM 400 测量表，可计算和显现出盐的含量，单位为 $\mu g/cm^2$。该方法的特点是：

1）适用金属和非金属材料的各种形状、位置和方向的表面和涂覆层；

2）测量快速，使用简单，电池供电，便于携带；

3）确定涂装前表面清洗是否充足，有助于预防涂覆层过早损坏；

4）显示易腐蚀表面上盐的堆积，有助于采取有效措施延长覆盖层寿命。

3. 涂覆层厚度检测仪器

涂覆层的厚度分两个阶段：一是在生产过程中，对刚喷涂完，在涂料未固化时，测其湿膜厚度；另一是在涂覆层固化后测其干膜厚度。

（1）湿膜检测

湿膜测量尺形状如梳子（图 6-9），测量时将其放在被测表面上，根据漆膜浸沾的高度读出其厚度。还有一种较为先进的测厚仪（图 6-9 中左下方），滚轮式湿膜测厚仪，它是由三层同心轮构成，中间一层半径最小，当轮子滚过湿膜时，湿膜厚度等于中间轮子最终浸湿部分，如果覆盖层固体体积百分率已知，用湿膜厚度就可以得到干膜厚度。

图 6-9　湿膜厚度测试仪

（2）干膜检测

干膜测厚主要有两个原理，即电磁感应原理，用于测量铁磁质金属体上的非磁性涂料的厚度；涡流原理，用于测量非磁性基体的绝缘覆盖层的厚度。多年来。测厚仪发展很快，已有可满足两种检测状况的组合式仪器。仪器选用时要考虑测厚仪的测量范围、精度、温度的稳定性、零点的稳定性、仪器操作的难易程度等。在这里我们向读者推荐一种目前较为先进的组合式测厚仪—QuaNix 7500 型模块化测厚仪（图 6-10）。该仪器带有液晶显示，通过简单的更换探头即可测量铁基或非铁基体上的覆盖层的厚度。该仪器能简单方便地进行内置式探头与外接式探头的互换。它的特点是：独特的模块化结构；无需电源开关，只需轻轻一放，即可测定结果；探头可直接固定于仪器，也可通过电缆与之相连；可提供存储记忆功能，计算并显示平均值、最大值、最小值；具备 RS 232 接口，用于与计算机或小型打印机 PT 7 相连接，配套的软件提供了丰富的数据处理功能。不过该仪器价格较贵。

4. 覆盖层附着力检测仪器

涂装过程中的附着力测试可定量表示基体表面与覆盖层、覆盖层与覆盖层之间的粘结强度。附着力检测应是覆盖层生产检测必不可少的，这一项目对于减阻内涂尤其重要。关于附着力检测的方法较多，并都成为标准方法，针对不同的方法所用仪器不相同，图 6-11是当前较为先进的几种附着力测量仪器。

（1）Elcometer 106 机械型附着力测量仪

这种仪器（图 6-11）使用简单、携带方便、测量范围广泛。它具有多种用途，如检测金属基体上的漆膜、水泥或砖面上的覆盖层等。在供应商提供的包装箱中装有测试所需要的各种工具。该仪器为手动式，所以不用任何电源。

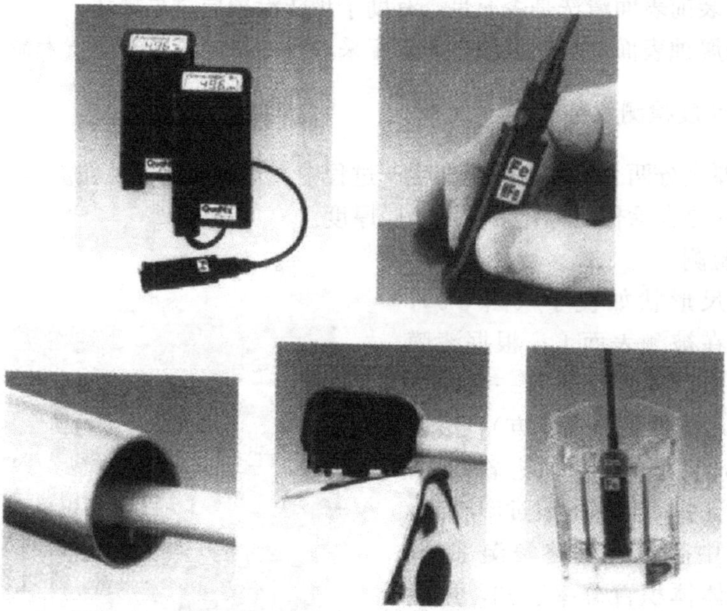

图 6-10　QuaNix 7500 型模块化测厚仪

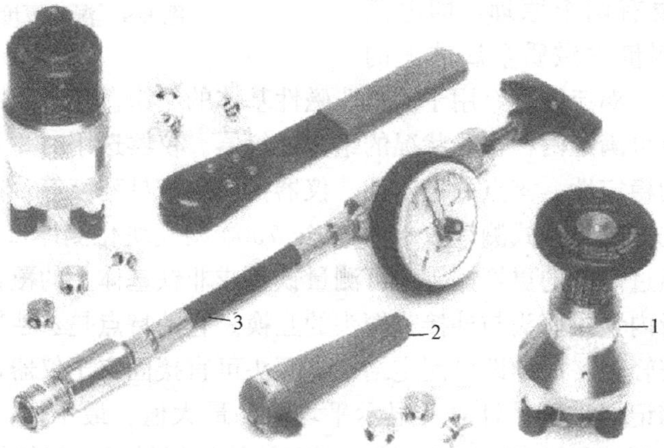

图 6-11　附着力测量仪器及附加工具

1— Elcometer 106 机械型附着力测量仪；2— Elcometer 107 十字口切割器；3—针孔检测仪

测试方法是采用测试样片，一个圆形的模片，测量时将其通过粘合剂与待测表面的涂覆层相粘结。仪器中内装一个弹簧，通过该弹簧向圆形模片施加一个剥离的提升力。当模片被拉离覆盖层表面时，指示器即显示出附着力的数值，该数值以移开圆形模片所需的力来表示。这种仪器有 5 种类型，表示 5 种量程，用户应根据自己的常规测量范围选用。该测量仪器符合 ASTM D 4541、ISO 4624 和 BS EN 24624 标准的测试方法的要求。

（2）Elcometer 107 十字口切割器

这是一种用于测量涂覆表面附着力的工具（图 6-11），按标准要求，用这种工具在被测表面划出深达金属表面的十字口，配合标准的黏胶带，便可快速定量反映出涂覆层与基体的附着力大小。在仪器说明书中均附带有 ISO 和 ASTM 标准中有关测试方法的具体说明。

图中还有液压型附着力测量仪和十字口切割器模板，这里不再作介绍。

5. 针孔检测仪

虽然作为减阻内涂对针孔的要求相对防蚀内涂来说要宽松一些，但标准仍然要求内壁覆盖层不应有针孔。在美国 API 标准中推荐采用灯泡光照法，对于生产过程中的检验已满足要求，再严格的检验就要求采用仪器进行。图 6-12 是常用的高压和低压火花检漏仪（针孔检测仪）及其配件。对于减阻内涂一般只可用低压法（图 6-12），该技术采用湿海绵吸有湿润剂并带有一个较低的电压，当海绵移动到有针孔的表面时，电流就会通过针孔流向基体中，形成一个完整的电路，随后电流将会在检测器上产生声音信号，该法的检测电压一般为 9V，仪器质量轻、操作简单、经济实用。

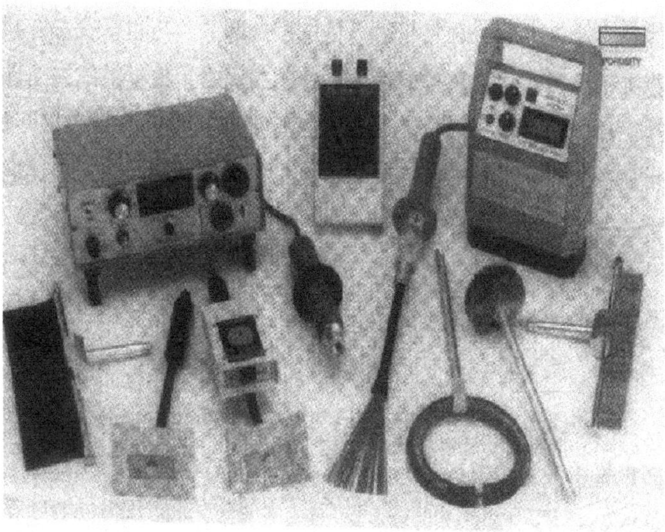

图 6-12　高压和低压火花检漏仪

6.4 表面处理

表面预处理的目的是使待涂表面达到选定涂料所要求的除锈质量和粗糙度，确保待涂表面与覆盖层之间良好的附着力。表面预处理的方法和指标由覆盖层的种类决定。表面预处理的实施部门必须具备相关的设备及技术操作人员，所有的表面预处理应有专门的技术监督和检验。

为了正确了解表面预处理，首先应对影响其过程的因素有个完整的认识。粗线垂直箭头把喷射对象与喷射目的联系起来。与粗箭头左右相连的箭头，说明达到预期目的而发生作用的因素。根据被喷射工件的特性、种类和尺寸，以及喷射后预期达到的目的来选择喷射方法、磨料和传送磨料的载体等。由于涉及的影响因素很多，因此应很慎重。

在管道防腐层的施工作业中，有“三分材料七分施工”之说，可见施工的重要性，而在施工程序中铜管的表面预处理（最基本的为“除锈”），又是重中之重，其质量直接关系到覆盖层的质量和寿命，在一些文献中有这样的统计，说明表面处理是影响覆盖层寿命诸多因素中最重要的因素，见表 6-2。

过各种因素对覆盖层寿命的影响 **表 6-2**

影响因素	影响程度(%)	影响因素	影响程度(%)
表面处理质量	49.5	涂料种类	4.9
膜厚(涂装道数)	19.1	其他原因	26.5

通过对覆盖层的造价分析，一般表面处理的费用约占 50%。减阻内涂的覆盖层膜层薄，涂覆次数少，涂料用量小，因此表面处理的费用比例更高，约为 70%。所以在减阻内涂的工序设计和施工作业中要特别重视表面预处理的质量。

6.4.1 影响覆盖层质量的主要因素

1. 氧化皮的影响

钢管表面在轧制和焊接的高温条件下，自然生成一层氧化皮，其主要成分是铁的氧化物的混合体，从结构上看大体为三层，最外层为 Fe_3O_4 或 Fe_2O_3，中间层为 FeO 和 Fe_3O_4，靠近钢表面的是 FeO（图 6-13）。

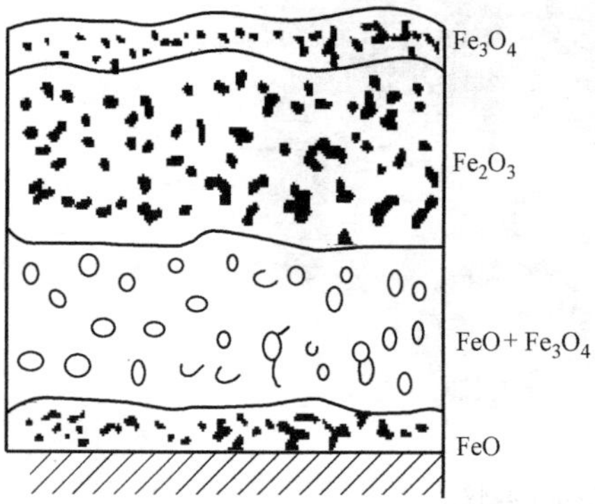

图 6-13 钢管表面氧化皮结构示意图

在外界环境条件如温度、湿度、氧和盐等的作用下，这些氧化皮会开裂、剥离、松动，若除不净，它将会对覆盖层有三个主要的破坏作用：一是氧化皮的电极电位比钢材正 0.26V，使氧化皮脱落，并使裂缝处暴露的钢材表面成为原电池的阳极而遭受腐蚀；其次是氧化皮的裂缝处易凝结水汽，若有 SO_2 溶于其中则可生成硫酸亚铁，增加电解质的导电性，促进腐蚀作用；第三是没有除掉的但已松动的氧化皮，当管道温度波动较大时，它可能完全脱落并隆起，使覆盖层破裂和剥离。

2. 表面污物的影响

这里所说的污物是指铜管表面未除净的锈蚀产物及灰尘等，还应包括表面处理后铜管表面未清理干净的残留物颗粒和表面处理后未能在规定时间内涂覆而产生的新锈，由于它们的存在，妨碍获得平滑均匀的覆盖层，削弱其与基体的附着力，使得涂料不能与钢表面直接接触，造成涂料的附着力降低，影响覆盖层的使用寿命。

3. 可溶性盐的影响

当覆盖层下的钢表面有可溶性盐存在时，由于覆盖层的内外渗透压不同，在空气中的水分作用下将透过覆盖层到达钢的表面，与可溶性盐结合造成钢表面的腐蚀而剥离覆盖层。其中氯化物是最主要的可溶盐，因其渗透能力最强，故在《西气东输管道内壁（减阻）覆盖层补充技术条件》Q/SY XQ 11 标准中，对它有明确的规定，尤其是海运的铜管及在沿海存放一段时间的钢管，更应强调这一点。

4. 粗糙度的影响

覆盖层与铜管表面的附着力是由涂料分子中极性基团和金属表面分子间的相互吸引所决定的，除物理作用（色散力、诱导力和取向力）外，主要是机械作用。铜管表面在经过喷（抛）射磨料处理后，表面粗糙度明显增大，甚至可增加 20 倍金属表面积。随着粗糙度的增大，表面积显著增加，覆盖层与铜管表面的附着力则相应增加。当喷（抛）出的磨料具有棱角时，经它处理过的金属表面不仅增加了表面积，还会给覆盖层的附着提供一个合适的表面化几何形状，从而利于分子吸引和机械的锚固作用。

不过不合理的表面粗糙度也会对覆盖层造成负面影响，如粗糙度过大，要填平锚纹的"波谷"所需的涂料的量也随之增大，太深的波谷还容易造成气泡，直接影响覆盖层的质量。另外，当覆盖层较薄时，波峰的尖端容易露出表面，破坏覆盖层的完整性，导致点腐蚀的发生。

对于减阻内涂覆盖层，钢管内壁的表面粗糙度应有所要求，通常为表面处理后 30～50μm。表面粗糙度大小取决于磨料的粒度，形状、材料、喷射的速度、作用时间等工艺参数，其中磨料的粒度对粗糙度影响最大，表 6-3 给出了美国钢结构涂装协会（SSPC）对磨料与粗糙度的对应关系的推荐值。表面处理的方法较多，对于管道最为合理的是通常采用的喷（抛）射法，这是因为磨料猛烈撞击，可使材料的疲劳强度提高约 80%；表面硬度也有不同程度的提高；还能消除焊缝处的内应力，使钢材的抗腐蚀能力明显提高。

喷射不同磨料所得的粗糙度　　表 6-3

磨料种类	最大粒度(mm)(NIST 标准)	表面粗糙度(μm)	
		最大值	平均值
钢制磨料			
钢丸 S230	0.60～0.71	74	55
钢丸 S280	0.71～0.81	897.5	63
钢丸 S330	0.81～0.97	9610	71
钢丸 S390	0.97～1.20	116	88
钢砂 G50	0.31～0.40	56	407.5
钢砂 G40	0.40～0.73	86	60
钢砂 G25	0.73～0.97	116	78
钢砂 G14	1.46～1.67	165	129
矿物质磨料			
燧石丸	中细	89	68
硅砂	中粗	101	73
炉渣	中粗	116	78
炉渣	粗	152	93
重矿砂	中细	86	66

注：1. 表中所指的某种磨料产生的锚纹深度是指该磨料在循环磨料喷射机器中，已成为稳定的混合磨料时由混合磨料产生的锚纹深度。如果用新磨料则锚纹深度将会明显增加。

2. 表中钢丸的硬度为 HRC40～50，钢砂的硬度为 HRC55～60。

6.4.2 钢管内表面处理

为了保证内覆盖层的质量和使用寿命，在涂装作业前必须对涂装表面进行彻底的表面预处理，与防蚀用覆盖层相比减阻内覆盖层较薄，按 Q/SY XQ 11 标准的要求，除锈等级为 Sa2.5 级，粗糙度应为 30～50μm。

在表面处理的几种方法中，针对管道内壁的喷（抛）射最为合适，具体的选用要根据管径和设备条件，大口径管可选用抛丸，小口径（如 762mm 以下）可选用喷砂。

荷兰金属研究所曾对喷射除锈进行过专题研究，认为喷射除锈可看作是一种期望用侵蚀达到的磨耗作用。对于喷射除锈技术提出了以下几点：

（1）喷出的颗粒速度对颗粒动能起决定性的作用，它们极受回弹颗粒的影响，颗粒速度是喷射距离的函数。

（2）射流的喷射角决定了颗粒在喷出时相碰撞的程度，在喷射角为 45°时最大。

（3）颗粒的大小对除锈的均匀性极为重要。要达到预定目的，必有一个最佳颗粒大小。颗粒大小很大程度上取决于表面层性能（轧制氧化皮、锈或铸造硬皮）和其下的表面状态。

1. 抛丸处理

抛丸处理是利用抛丸机的叶片在高速旋转时所产生的离心力，将磨料（钢丸、钢丝段、棱角钢砂等）以很高的线速度射向被处理的管内壁表面，产生敲击和磨削作用，除去表面的氧化皮与锈蚀，让表面露出金属本色，并提供出对涂料具有锚固能力的粗糙度。因抛丸处理不仅可以除去钢管表面的氧化皮、锈迹，而且可使钢管表面强化，消除残余应力，提高耐疲劳性能和抗应力腐蚀能力，抛丸处理磨料利用率高、除锈速度快、成本低，适合大规模作业，因此钢管内表面处理首选是抛丸处理。抛丸处理工艺要求有：管子预热、抛丸除锈、表面清理、磨料。

（1）管子预热

预热是将管子内表面升温，除去表面的水分、部分油污，预热的方法有中频感应加热、火焰加热和热水喷淋加热。在选择方法时应因地制宜、经济合理，与流水线相适应。

1）中频加热结构简单，感应线圈安装在辊道上，不占地方，耗能少。但中频加热对除去表面的油污、垃圾的效果不太好。

2）火焰加热是以清洁的液化气燃烧，以火焰直接加热钢管内表面，这样做可烧掉表面上的水分。这一方法的前提是必须要有充足的液化气供应。

3）热水喷淋加热，除去油污、垃圾的效果好，但设备复杂，要有蒸汽源、热水泵和热水蒸发的通风室，占地较大。

（2）抛丸除锈

在生产线上，抛丸工序是在抛丸箱里进行的，它是由抛头、磨料循环装置、磨料清扫装置、通风除尘装置所组成。当管子进入抛丸箱后，抛头的叶片在电动机带动下高速旋转，产生强大的离心力，在离心力的作用下，磨料沿叶片长度方向加速运动，直至抛出。抛出的磨料成扇形流束，敲打在管子内表面上，以除去氧化皮和锈蚀。当磨料抛出后，磨料循环系统将使用过的磨料再行回收、筛选，转送到供料端重复使用。

(3) 表面清理

抛丸处理过的管子内部残留有磨料粉尘和锈渣等污物，要经过清扫处理，在老式装置中有的是将管子倾斜，倒出残留物，这样做需要消耗很大的动力，并需要一定的时间，故现代新的装置上已很少采用。新的清扫手段是用压缩空气吹扫或用真空吸尘装置吸取。随着 HSE 意识的增强，在抛丸作业的生产线中都应装有通风除尘装置，用来吸取抛丸过程中产生的粉尘和分离回收磨料。

(4) 磨料

抛丸处理用的磨料主要有铁丸、钢丸、钢丝段和棱角钢砂四种。从经济实用上讲钢丸较好，从抛丸效果上讲钢丝段较好。理想的抛丸处理磨料应是钢丸加钢丝段或钢丸加钢砂，两者比例为 1∶1 到 2∶1 之间。

2. 喷砂（丸）处理

喷砂（丸）处理是以压缩空气为动力，将磨料（砂或丸）以一定的速度喷向被处理的钢材表面，在磨料的敲击和磨削的作用下，将金属表面上的氧化皮、锈蚀产物及其他污物清除掉。喷砂（丸）处理的装置，一般包括：压缩空气输送（处理、储存）系统；喷嘴、胶管、磨料回收循环系统；牵引照明电控系统；除尘系统及供气供砂系统。

影响喷砂（丸）除锈效果的因素较多，如空气压力、磨料的种类和规格、磨料的喷射角度和速度、喷嘴至钢表面的距离等。磨料要根据表面处理的要求和钢材表面的原始状态来选取，通常可用钢丸、钢丝段、棱角钢砂、石英砂或它们的混合物。

喷砂（丸）处理的除锈等级及表面粗糙度的要求，与质量检测的内容和前面所述的标准相一致，从结果上看，喷砂（丸）处理和抛丸处理效果是一样的，方法选择的主要因素是经济性和条件所限，如当管径小于 762mm 时，因抛距（抛头至被处理的表面间距离）不够，无法使用抛丸处理，而不得不采用喷砂（丸）处理。喷砂（丸）处理是一项成熟技术，其设备也都商品化了，当管道内表面预处理选用时，只要稍加改造便可使用。

3. 清理作业

经过喷（抛）射处理过的表面，必须要用毛刷、压缩空气清扫，或用吸尘器清理。以便将从表面上脱落下来的锈灰、磨料细粒从锚纹峰谷的低凹处清理掉。对于大口钢管通常采用吹扫方法，方法有两种：一种是在抛丸的同时用大排量的吸尘器抽吸除锈过程中的主要粉尘和钢丸，余下的微小粉尘在内喷涂前，打开喷枪的气源，喷枪便开始对钢管内表面进行吹扫，喷枪从钢管的一端一直吹到另一端，另一端的端部用吸尘器吸走粉尘；另一方法是采用倒丸装置，将钢管抬起一定角度，使钢丸下滑至回收装置内，然后再对铜管内壁进行吹扫，用吸尘器吸走微小粉尘。如果是湿法处理的表面，则必须用加有足够的缓蚀剂的淡水冲洗，或先用淡水冲洗再加以钝化处理。必要时，还要用刷子进行补充处理，以清除掉所有残渣。

6.4.3　质量控制

钢管的内表面处理质量控制主要有两个方面，即清洁度和粗糙度。

1. 清洁度

按 ISO 8501-1 和 GB 8923 标准的要求，减阻内涂的钢管内表面经处理后应达到 Sa2.5 级，此级的定义为：钢材表面应无可见的油脂、污垢、氧化皮、铁锈和涂料等附着物，任何残留的痕迹应仅是点状或条状的轻微色斑。这一清洁度要求可通过目视检查。除此之外，ISO 8502-1 标准还给出了表面清洁度的检测方法。

ISO 8502-1 标准对表面处理过的钢表面上残留的可溶性铁盐提供了检测方法。其主要方法是用水清洗钢表面，将可溶性铁盐溶于水中，然后用 2,2-联吡啶作指示剂，通过比色对所收集的清洗液进行测定。可供参考的指标是：当铁离子在钢表面上的含量低于 $15mg/m^2$ 时，则可认为对覆盖层不会产生较大影响。

ISO 8502-2 标准对钢管表面上易溶于水的氯化物含量提供了试验室检测方法，这种方法可用于表面处理前后的钢管表面。方法中规定先用已知体积的水对一定面积的钢表面进行清洗，收集清洗水，然后用硝酸汞滴定法，以二苯卡巴腙-溴苯酚蓝作为指示剂，对收集到的清洗液中的氯化物进行分析测定。测定过程中，汞离子与游离的氯离子反应生成 $HgCl_2$，氯离子消耗完后，多余的汞离子在混合指示剂中呈现紫色，表明滴定过程结束。关于这项检测，在 QISY XQ 11 中参照国外相关标准给出一个指标为 $20mg/m^2$，不过这一指标是指钢管表面处理前，是否应对钢管表面进行冲洗的指标。按 ISO 标准的要求在清洗后还应检测一次。表 6-4 是国外标准对钢管表面盐分的要求指标。ISO 8502-3 标准是评定待涂装铜表面灰尘沾污程度的标准。该标准将钢材表面灰尘沾污程度分为五个级别，以标准图谱来定义，将灰尘按其颗粒大小分为六个等级，分别是：

0　10 倍放大镜下不可见的微粒；

1　10 倍放大镜下可见但肉眼不可见（颗粒直径小于 50μm）的颗粒；

2　正常或矫正视力下恰好可见（颗粒直径为 50～100μm）的颗粒；

3　正常或矫正视力下明显可见（颗粒直径小于 0.5mm）的颗粒；

4　直径为 0.5～2.5mm 的颗粒；

5　直径大于 2.5mm 的颗粒。

国外相关标准对钢管表面盐分的要求　　表 6-4

序号	标准	指标(mg/m^2)
1	NACE RP 0394	2
2	AS 3862	25
3	ARCO(企标)	50
4	DOKE(企标)	20
5	BP(企标)	20

检测方法是用压敏胶带内粘贴在待测钢表面，然后将粘有灰尘的胶带与标准图谱比较，以此来确定钢材表面灰尘沾污程度的等级。

ISO 8502-4 标准是评估钢材表面在涂装前凝露可能性的方法。该方法是通过测定环境空气的温度和相对湿度，从而测得相应环境条件下的露点，再测定钢材表面温度，从该温度与露点的差值来评估表面凝露的可能性。对于溶剂型的涂料来说，待涂装的铜管表面温度必须高于环境露点温度 3℃以上。

此外国际标准化组织 ISO/fC35/SC12 还制定了其他有关的表面清洁度的测试方法标准，除了在上面提到过的 ISO8502-5、ISO 8502-6 和 ISO8502-7 外，还有：

ISO 8502-5 待涂装钢材表面氯化物检测——氯离子检测管法；

ISO 8502-6 待涂装表面可溶性杂质的取样方法；

ISO 8502-7 待涂装表面可溶性杂质分析——氯离子现场分析方法；

ISO 8502-8 待涂装表面可溶性杂质分析——硫酸盐现场分析方法；

ISO 8502-9 待涂装表面可溶性杂质分析——铁盐现场分析方法；

ISO 8502-10 待涂装表面可溶性杂质分析——油脂现场分析方法；

ISO 8502-11 待涂装表面可溶性杂质分析——潮气现场分析方法。

2. 粗糙度

参照 ISO 标准编写的 GB/T 13288 标准，对表面处理后的粗糙度评定做出相应的规定。其步骤是：清除表面上的浮灰和碎屑，根据磨料选择合适的粗糙度比较样块（“G”样块和“S”样块），将其靠近待测钢表面的某一测定点进行目视比较，以与钢材表面外观最接近的样块所标示的粗糙度等级为评定等级。如果采用放大镜评定时，要在放大镜中同时能观察到样块和待测钢材表面的外观。如果目视评定有困难，可用拇指甲或用拇指和食指夹住木制触针在被测表面和比较样块的各个部位上移动，以最为接近的触觉所示的粗糙度等级为评定结果。

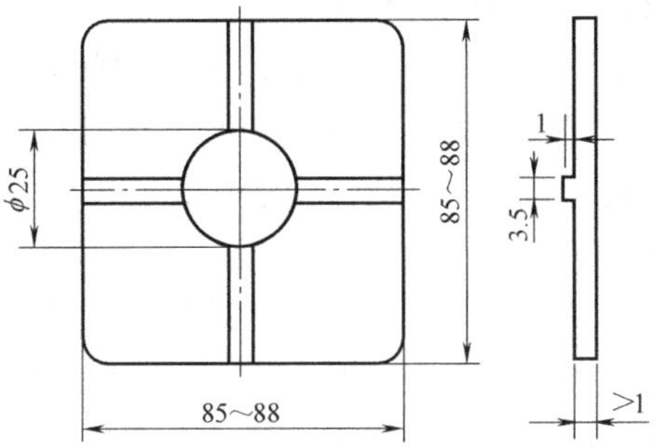

图 6-14　表面粗糙度基准比较样块（单位：mm）

表面粗糙度基准比较样块是一块分为四个部分，各具有规定的基准表面粗糙度的平直板，其外形如图 6-14 所示。表面粗糙度比较样块的粗糙度基准值必须符合表 6-5 的规定，且其直观表面清洁度应不低于 Sa2.5 级。反映喷射棱角砂类磨料（GRIT）获得表面粗糙度特征的样块称作“G”样块；反映喷射丸类磨料（SHOT）获得的表面粗糙度特征的样块称作“S”样块。

比较样块各部分的表面粗糙度　　**表 6-5**

部位	“S”样块粗糙度参数 Ry		“G”样块粗糙度参数 Ry	
	公称值	允许公差	公差值	允许公差
1	25	3	25	3
2	40	5	60	10
3	70	10	100	15
4	100	15	150	20

表中粗糙度参数 Ry 是根据 ISO 8503-4 用触针法测量的粗糙度参数，Ry 是指最大峰

谷高度。而触针法测量通常是采用 $Ry5$，是指平均最大峰谷高度，它们定义如图 6-15 所示。

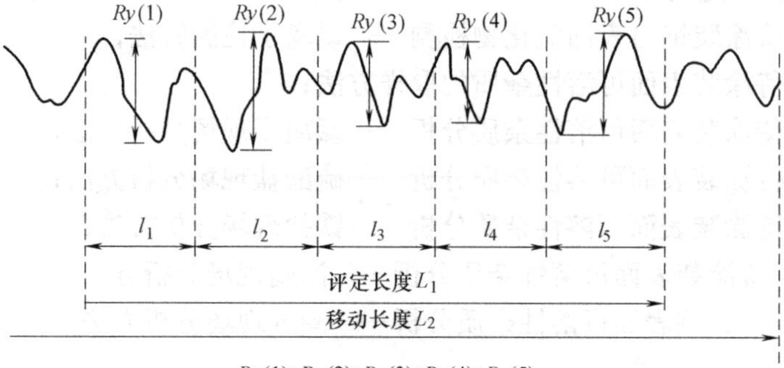

$$Ry5=\frac{Ry(1)+Ry(2)+Ry(3)+Ry(4)+Ry(5)}{5}$$

图 6-15　喷射清理过的表面粗糙度特征

表面粗糙度测试方法较多，生产中常用的还有粗糙度对比仪法，Keane-tator 粗糙度对比仪是常用的一种仪器。它由一个具有五个扇形汇合在一起的标准模板所构成，这五个扇面以五针星形分布，在五针星的中间有一个孔。每个扇面代表了一个标准的粗糙度样板，使用时将模板放在待测表面上，用一专用放大镜放在中间孔的上方，把待测表面与标准扇面进行对比，从而认定表面粗糙度值。该法简单易行，不需复杂的工具，测试结果基本可靠。

拓模纸法是另一常用的测试方法，采用一种专用的拓模胶带，使用时剥去纸背，将胶带的乳胶面放置在钢表面上，在胶带的背面用圆滑的工具或其他钝器以划圈的形式强烈摩擦，直至使表面变成均匀的灰色，取下胶带，利用弹簧测微计测量拓模胶带上的厚度，为了得到薄膜上的粗糙度高度，将测微计读数扣除 50.8μm，以抵消薄膜垫层的厚度，测量时应对仪器进行校正。这一方法可见 ASTM 04417 方法 。该法简单易行，所拓下的印模可作为生产过程中的档案永久保存。

3. 新动态

通过喷射处理的表面，用标准样块或照片作对比，来作为判断其除锈程度的手段，这种用肉眼观察的方法主观意识较强，往往不同的人员会得出不同的结果。日本的佐藤靖先生根据喷砂处理后新露出的金属表面被活化，要放出电子，建议用测定其电子放射程度来确定喷射除锈的程度，但这种方法还在探索阶段，并未实际使用。

6.5 工 艺 要 求

6.5.1 进管检查

裸管的搬运、装卸和临时存放应该使用专门设备，以防裸管或管子端部的任何损坏。涂覆商在搬运管子之前的检验、设备和程序均应报批，得到业主的认可。

钢管首先放置在进管平台上，对钢管表面进行缺陷和污染物检查。表面缺陷检查内容包括：焊缝高度、摔坑、腐蚀坑、坡口损伤、管端椭圆度、管体弯曲度等，不合格的钢管检出后堆放在一旁，并通知业主代表。当钢管表面存在有油污或油脂时，用可完全挥发的溶剂进行清洗。对于海运或临海地区的钢管表面应进行表面盐分的检测，如果超出 $20mg/m^2$ 标准值，则应采用高压清水进行清洗。检测的同时，要对原管号、管长、钢级、壁厚、炉号、生产日期、数量等进行登记。钢管的编号必须在输入架上立即检查并记录下来，同时将钢管编号标注在钢管的外表面。当有大量的油污出现时，钢管应立即隔离，并通知客户代表以引起注意。

6.5.2　管子预热

钢管在表面处理前，内表面必须干燥，通常可采用火焰直接加热，这样做有利于可燃性污染物的清除，去除掉所有钢管表面能观察到的冷凝物和加热管内壁。钢管的温度和周围环境的相对湿度应该用温度计及湿度计测量并记录。管子预热的温度以 60℃为宜。

6.5.3　表面准备

钢管内表面准备的质量将直接影响其涂覆层的附着力，关系到内覆盖层的质量，所以说表面准备是内涂工艺中一个非常重要的环节。

用于管子表面处理的设备和材料（磨料）应事先得到业主的认可，并能满足涂料供应商的技术要求，所用磨料必须干燥、清洁，一般应采用可回收的钢丸加钢砂。

在机械清理之前，管道表面上的任何油污或油脂都应采用溶剂和清洗剂除去，这种溶剂应是非油性的并与覆盖层相适应。同时还要采用预热方式除去潮气，对于海运及临海地区的管道要进行钢表面盐分测定，盐分超标时要用含有清洗剂的清洁水冲洗。

待处理的表面必须干燥，采用“先外后内”工艺的管子可以直接从外涂生产线上带温进入内涂生产线，采用“先内后外”工艺的管子应采用加热炉或其他方法进行预热干燥。在这里我们提出了“先外后内”和“先内后外”两种工艺次序，在西气东输工程的前期阶段，根据国外工程上多数的经验，加上“先内后外”工艺对涂料有着更严格的要求，强调了“先内后外”工艺的优越性，但经过一段实践后，多数涂装厂认为“先外后内”工艺更合理，以至现在采用“先外后内”工艺的厂家占了绝大多数。关于两种工艺的优缺点，可参见表 6-6。

进入表面处理的管子上了管架之后，可采用管子转动进行抛丸处理。磨料要干净、干燥，并且钢砂和钢丸的比例合适，使得经磨料的抛丸处理后的管子至少可达 Sa2.5 级（SIS 055900 标准），表面粗糙度（锚纹深度）达 Rz30～50μm。

在对钢管进行处理过程中，要始终保持管内负压状态。在管端的箱体中，通过气流分离钢砂，回收的钢砂通过传送带返回料斗中。带有粉尘和废钢砂通过分离过滤器排出。注意排出的气体必须符合环保的要求。

通常对管子表面处理过程中的周围环境温度规定不应低于 10℃，相对湿度应低于 80%。这一规定是一般要求，当在车间施工时，主要取决于管表面的温度。

内抛丸处理后立即用压缩空气对内表面进行吹扫，以除去所有的沉积物，吹扫的方法主要有两种：一种是在抛丸处理后，用大排量的吸尘器抽吸的方法清除钢管内表面的一些粉尘和钢丸，剩余的微小粉尘可在内喷涂工位喷涂前，打开喷枪的气源，用喷枪对钢管内表面进行吹扫，喷枪从钢管的一端一直吹到另一端，另一端的端头用吸尘器吸走粉尘。这一方法的特点是不需要专门的吹扫工位。另一种方法是采用倒丸装置，将钢管抬起一定角度，使钢管内的钢丸下滑至回收装置内，然后对钢管内壁进行吹扫，用吸尘器吸走微小粉尘。该法需要一个专门的倒丸工位。不管采用哪种方法，吹扫时排出的气体都必须符合环保的要求。

"先内后外"和"先外后内"两工艺比较 **表 6-6**

项目	优点	缺点
先外后内	(1)内涂覆层不会在外涂装作业过程中损坏； (2)利用外作业的余热，内涂不必加热； (3)内涂表面清洁； (4)涂料不必耐高温	(1)涂料必须耐高温； (2)内涂固化不会完全只有一个后续固化时间，管端要加封罩
先内后外	(1)内涂作业不受后面外涂作业的影响； (2)内涂固化充分，成品不必在管端部加封罩	(1)外涂作业时要对外覆盖层加以保护； (2)外涂作业时要对内表面施加保护； (3)对于不使用管接头的厂家，要增加一道工序

清洁工序是一个很重要的环节，必须将氧化皮、锈、水气、油污、粉尘等清除干净，否则难以保证内涂的质量。

为了防止管子在焊接时对内覆盖层造成损坏，待涂的管子两个管端部 45～55mm 范围内要采用胶带覆盖，胶带应粘结牢固，不应出现夹纸现象，覆盖的宽度从坡口计算。与此同时在管端处可安装用于检测的测试片。图 6-16 为自动贴胶带的照片。

图 6-16 自动贴胶带

在表面处理工序中，要注意当管子内表面原来带有标志时，必须先在管子外表面将这些标志参数重新标记，然后才可进行。

表面处理的另一种方法是化学清理，较适用于现场涂覆的管道。化学清理的基本要求是清理表面上所有的腐蚀产物、旧的漆膜或涂料。一般的程序有：脱脂、酸洗、冲洗、磷化、水洗等。

脱脂：在进行化学处理之前，应采用溶剂或清洗液将油污、油脂等清洗掉。

酸洗（除垢）：脱脂完成后，管道应采用5%～10%的硫酸溶液，在温度为65～70℃下进行酸洗除垢。浸泡的时间取决于管道的类型和垢的顽固性。对于酸洗介质的选择、温度和浓度的控制，是以保证有充分的时间将垢除净为前提。

冲洗：酸洗后，应将管道表面上的过多的溶液排走，然后用清水冲洗至用试纸测得从管子中流下的冲洗液的pH值大于5为止。

磷化处理：冲洗后应将管内的水排走，然后将其浸泡在适宜的磷化介质中进行磷化处理，磷化处理的常用介质浓度为1%～2%的磷酸溶液，在温度80℃下进行1～2min的处理，磷酸的浓度和浸泡时间由承包商决定，磷化处理的结果将会在表面形成牢固而均匀的磷酸盐膜。

水洗：磷化处理后应将管子中的溶液排掉并用清洁的水将其上的酸液、表面的盐分、溶液痕迹等都清洗掉。

经过化学处理后，表面应完全干燥、没有污物，在涂覆前表面状况不能有所下降，不管条件如何，涂覆作业应在表面处理后的24h内进行。

化学清理工艺的注意点是溶液要定期检查和更换，废水要进行处理，不过化学清理的表面锚纹深度得不到保证。

6.5.4 内喷涂

1. 涂料选择

内涂材料的性能必须符合英国天然气工程标准《钢质干线用管和管件内覆盖层施工规范》GBE/CM1及美国石油学会标准《非腐蚀性气体输送管道内覆盖层推荐做法》API RP 5L2的要求。内涂的涂料由带有颜料的环氧树脂、填充剂、溶剂、固化剂和稀释剂所组成。商家必须提供权威机构的检测证明：

（1）相对密度；

（2）粘度（混合）；

（3）颜色散射；

（4）非挥发成分；

（5）干燥试验；

（6）流动性能（混合）；

（7）固化性能（混合）。

所选涂料应已成功地应用于天然气及凝析气管道的内衬上，具有实际使用经验，涂料生产商应能提供详细的工程实例，确认产品在天然气管道内涂上的适用性。如果涂料系统没有这种成功的业绩，则要求制造商提供产品通过严格和广泛的试验室及短期现场试验的等效性能证明。一旦涂料的成分被业主所认可，则制造商不得对成分配方或制造工艺有任何改变。

涂料的包装容器应适合颠簸道路的运输，内涂材料适用于手工或机械搅拌，混合后应完全均匀没有结皮，喷涂前通过200目筛网不应有任何固体残留。

熟化涂料的适用时间为在 25℃时不得小于 8h。

涂料应适应环境温度 10～45℃、相对湿度低于 80%的条件下施工。在 25℃时管道喷涂一道达 75μm（干膜）时，不应有下垂、流淌垂落、气泡和空白。

当采用“先内后外”涂覆程序时，所选涂料必须满足在 250℃高温、30min 条件下保证内涂性能不变的要求。

内涂涂料还应满足输气管道运行条件的要求，如耐磨性、耐热（50～90℃）、耐渗透等。

管道减阻用内覆盖层的颜色应为红色。

所有交货的涂料质量都应与订货时所确定的一致，如有不符，有权拒收；当涂料被污染或在容器底部出现固体或结块，必须拒收。涂料包装容器上应标明：名称、生产日期、颜色、批号及储存环境条件要求等。

2. 涂料配制

涂料的混合是使用专门的设备，配制应符合相关标准及供应商的技术要求，并在业主代表的监督下进行搬运、混合和稀释。图 6-17 为涂料混合的设备照片。

图 6-17　涂料混合的设备

混合前要摇匀，通常要采用机械搅拌，严格按供货商的配比要求将基料和固化剂进行混合，容量误差应小于±3%。如要稀释应采用供货商认可的稀释剂，其用量按供货商的要求。

混合的涂料通常要采用机械进行充分的搅拌，搅拌过程中应防止污物进入涂料中，条件允许时在搅拌过程中不应搅入空气。在充分搅拌混合后，还应维持持续低速搅拌。混合后的涂料应有 30min 的熟化期。在喷涂作业过程中，必须在喷枪供料罐或储料池内使用电搅拌器不间断搅拌，以保证暂停期间内涂料的均匀性。

配制好的涂料应在供货商规定的涂料混合后的适用期内使用。使用过程中，不得将新材料加入未用完的旧材料中去。

3. 涂料涂覆

内覆盖层的喷涂作业应在环境温度不低于 10℃，且高于露点 3℃和相对湿度不大于 80％的环境中进行。当在车间作业时，只要钢管升温、除湿，避免潮气、结露的影响，环境条件可适当放宽。用于涂覆的设备和供料系统应事先得到业主的认可，涂覆施工应采用高压无气喷涂工艺。设备由无气喷涂设备、过滤器、压力表、气阀、温控装置等组成。以上对涂装环境条件的这一规定是合理的，文献［2］就这一问题提出了自己的看法，认为这一规定是以环境湿度和露点为条件，保证涂装前钢管表面不吸潮、不结露、不返锈，漆膜干燥时表面不吸潮、不结露；以温度为条件，使环氧覆盖层能够自然固化。在钢管内涂作业线上，钢管除湿设备（中频器预热、热风炉等）是必备的，同时管子除锈后只停留不足 35min，管子表面在涂装时不会返锈；另一方面，环氧减阻涂覆层在经过鼓风干燥、加热干燥后，得到了强制固化。也就是说，环氧涂料的涂覆环境条件的一般规定不应机械地照搬到设施完善的内涂作业车间上。但在管子温度处于结露条件下时，必须保证管子预热设备的功效，彻底清除钢管表面的水、潮气，并在涂装和干燥过程中，保持管子温度高于露点 3℃以上。

喷涂施工应在封闭的空间或有屋顶的场所，在避风、防尘、防污条件下进行。管子表面环境温度不超过 60℃且不低于 10℃。管子表面温度在整个过程中维持在最低 21℃且不超过 38℃。当环境相对湿度超过 90％时必须停止作业。

喷涂应在平台上进行，管子通过旋转的管架进入喷涂平台，平台两端的箱罩将管子两端封闭，喷头通过支撑架进入，距管壁一定距离向管子内表面喷射干净、干燥的空气；当喷头从远端返回时，开始喷涂环氧涂料，喷嘴距管子表面 0.15～0.5m，与管子表面成直角。喷涂时，支架应保持匀速运动。喷嘴的压力、管子旋转的速度和喷嘴移动速度应通过调试，确保覆盖层的设计厚度。后置封闭箱装有风机，使管内产生少量负压。喷涂过程中，管子应一直保持不间断的旋转。

采用高压无气喷涂进行减阻涂料涂布时，首先涂料压力应固定在设定值，保证涂料雾化效果；其次，根据涂料流量和设计漆膜厚度，确定喷头在钢管表面的移动速率。只有雾化效果得到保证，漆膜的均匀性、表面光洁度才能得到保证。

喷涂作业完成后，管子继续旋转几秒钟，然后，应立即除去端部保护胶带。带有测试片的管子取出测试片并补涂。在涂覆完成直到覆盖层不发黏为止，这段时间内，应对覆盖层加以防尘、防污和防不利天气影响的防护措施。

漆膜的干燥时间和生产效率是一个矛盾，处理不好则影响漆膜的质量。涂装后漆膜干燥分为通风干燥、烘烤干燥和后续干燥三个阶段，在“先内后外”工艺中，前两个阶段干燥程度必须保证达到以下要求：

（1）通风干燥：由于采用风机鼓风干燥，缩短了漆膜表干时间，风干时间为 45～60min。表干后漆膜含的溶剂很少，可在一定温度条件下进行加热干燥。否则漆膜表面粗糙度下降。

（2）烘烤干燥：在炉内，采用热风对漆膜进行加热干燥，炉温设置在 50～70℃之间，烘干时间为 60min。加热干燥结束后，漆膜达到实干。生产中，按照涂料供应商标准采用了“80％固化”的检测方法，即：用棉花蘸二甲苯轻轻擦拭漆膜表面，最多只观察到棉花上有浅淡的铁红色。否则，在除锈前上堵头时，由于干燥程度不够，漆膜会受到堵头的损坏。由于指触法测实干受人为因素、钢管温度的影响更大，生产中采用“80%固化”作为漆膜烘干、可以进入下一道工序的控制指标。

涂覆作业应避免在大风、沙尘及恶劣天气下进行，施工应在密封环境中进行，要注意对未固化的覆盖层的保护。

如果喷砂后不能立即涂覆，间隔时间超过 8h 以上时（当在南方潮湿地带作业时这一时间可能还要短点），表面会快速生成新锈，在施工前必须重新进行表面处理。

必须进行常规检测，确保形成正确的膜厚。

钢管喷涂完毕后进入中间平台，用洁净的干燥空气对涂覆后的钢管内表面进行吹扫，以控制挥发性气体，防止在固化炉内因挥发性气体过多引起爆炸，并对尾气进行处理，以满足环保要求。

涂覆后的管子进入固化程序，环境温度较高时可自然固化。要求快速固化的管子可采用热空气加热固化，根据生产速度可一根或几根同时进行。但加速固化的设备、工艺必须符合技术规范的要求，并经业主批准。

4. 涂料消耗

涂料供给量一般采用实际涂布率作为依据。后者和理论涂布率的关系如下式所示：

$$F=\frac{T}{CF} \tag{6-1}$$

式中：F——实际涂布率；

T——理论涂布率；

CF——消耗因子。

其中：

$$CF=[A+(B+C+D)\cdot DFT+DFT]/DFT \tag{6-2}$$

式中：A——消耗相关粗糙度；

B——涂布不均消耗率；

C——施工浪费率；

D——容器残留率；

DFT——干膜厚度。

如果金属表面锚纹深度在 30～50μm，漆膜厚度偏差在 15%～20%。取 $A=12.5$、$B=10\%$、$C=1\%$、$D=1.5\%$、$DET=70$，计算得出：$CF=1.30$。亦即实际用料量是理论用料量的 1.3 倍。

6.5.5 覆盖层的修补

按标准要求，覆盖层上的缺陷及损伤必须进行修补。修补面积应小于总面积的 1%。当等于或超过这一指标时，则整根管子的内表面必须进行重新涂覆。修补前应对修补处的覆盖层边缘采用砂纸或刮刀进行磨平或刮平，除去翘边，必须将清理不彻底的涂覆层完全清除，然后方可采用手工喷枪补涂或刷涂。修补面上的表面打磨处理、膜厚和固化要求应和管体部分的一致。不论是修补还是返工，施工单位都应查明原因，并对工艺流程加以调整。

修补、重新涂覆、管壁的修复等任何操作都必须在覆盖层完成固化后进行，以防止覆盖层的损坏。管子修补后要注意保护，以确保修补处无流淌、起丝等缺陷，保证涂覆表面光滑。修补处可以在通常大气条件下固化，但必须防止污染。

内涂层补口是指用补口机对已经涂敷内涂层的钢质管段现场组对焊接后的内环缝涂敷液体涂料的过程。对于天然气管道减阻型内涂层而言，由于管道所输天然气是经过脱硫、脱水处理后的干气，腐蚀性很小，涂层的作用主要是减少输送摩阻，增加输气量，而不是用作防腐，因此，管子的焊缝处一般不做补口处理。但对其他输送腐蚀性介质的油气管道，由于补口质量好坏影响到整个涂层的防腐性能，所以补口就成了一个很重要的问题，也是防腐型内涂层技术推广应用的关键所在。国外的补口技术、补口机具及检测仪器已经很成熟，但是价格昂贵。

钢质管道的内补口应从其实用性、经济性等方面综合考虑。当管道的公称直径小于200mm 时，由于受管道内空间的限制，一般采用整体挤涂、机械压接、内衬管节和记忆合金热胀套补口等方法。当管道公称直径大于 600mm 时，由于管道内空间较大，采用机械化或人工等简单易行的方法既实用又经济。

大口径钢质管道内涂层液体环氧涂料补口机补口工艺流程如图 6-18 所示。单根钢管内壁已涂敷内涂层，管口两端各向内预留 50～60mm 宽环状带，其表面除锈等级应达到 Sa21/2 级，并涂敷了可焊涂料，补口所用涂料必须与钢管本体内涂层所用涂料性能相同或相近，具有良好的相容性。一般情况下，为了保证涂层充分固化和补口设备中电器元件的工作性能，规定内补口施工环境温度应为 5～55℃ ，相对湿度不大于 85%。

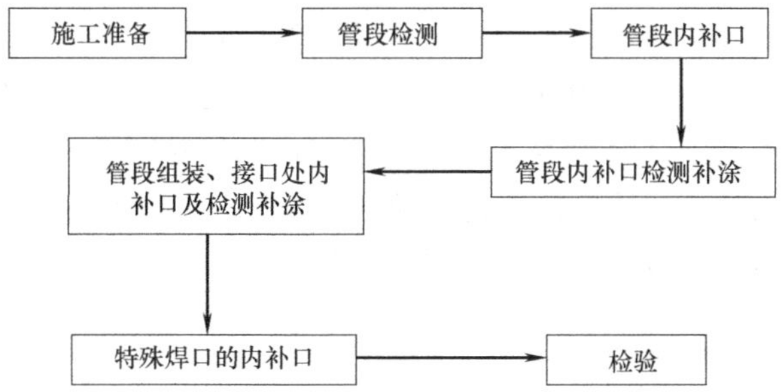

图 6-18　钢质管道内涂层液体涂料补口机的补口工艺流程

补口机进入管道前，必须先进行试喷，否则难以保证内涂层补口的质量，在管段组装、接口处内补口施工时，一般是将补口设备倒退进组装后的管道，补口设备根据预设程序自动作业，处理完该接口后再正向从同一端口行走出管道。

由于受补口设备结构特性、机载涂料量及动力源等为一面的限制，钢质管道内涂层液体涂料补口机的补口施工只能分段进行（每个自然段长度一般为 0.5～1km），然后将这些自然段逐一组装，再对接口逐一进行内补口作业。施工时，应采用组对一道口，紧接着对该道口进行内补口及检测补涂，再组对另一道口，再内补口及检测补涂的工作方式。

对一些特殊焊口，如：与弯头相连的焊口、斜接口，与阀组相连的焊口及异径管段接口等，应采用下面的方法进行内补口：

(1) 当弯头转弯半径小于 3D（D 为钢质管道的公称直径）时，由于接口距弯头内壁太短，直接用补口机施工时，补口设备中的旋杯会碰到弯头的管壁上，因此，一般要在已涂敷内涂层的弯头两端分别焊接两根短管，将焊接有两根短管的弯头组装于管道中，用补口设备从同一端进出，对含有该弯头的管道进行内补口及检测补涂作业。

(2) 当弯头转弯半径不小于 3D 时，操作补口设备倒退至该弯头处进行补口及检测补涂作业即可。

(3) 当管道公称直径小于 250mm，斜接口偏斜角度大于 3°时，或管道公称直径不小于 250mm，但斜接口偏斜角度大于 5°时，操作补口设备倒退至该斜接口处进行内补口及检测补涂，作业完成后再正向行走出管道。其他斜接口的内补口及检测补涂可与钢质管道的内补口及检测补涂一并进行。

(4) 与阀组相连的焊口可用补口设备先进行内补口及检测补涂，然后再安装阀组进行处理。

(5) 对异径管接口的内补口一般分两种情况处理：

① 一种情况是，当两条异径管段轴线平行或重合时，预制一根长度为 500～1500mm、两端口分别与其相连的管段管径相同的异径短管，涂敷内涂层时，两端口应分别预留 50～60mm 宽涂敷可焊涂料。将异径短管组装于管道的异径处，调整或选择不同规格的补口设备，使其分别从管道两端口倒退至焊口处，进行内补口及检测补涂，作业完后，再正向行走出管道外。

② 另一种情况是，当两条异径管段轴线方向不平行时，其接口的内补口应按管径较小的管段选择补口设备，操作补口设备从小口径管段倒退至焊口处，然后进行内补口及检测补涂，作业完后，再正向行走出管道外。

内涂层补口质量的好坏将直接影响整个内涂层钢质管道工程的使用寿命，因此，不管采用哪种补口方法，施工前都必须针对内涂层管道工程的工作条件和使用要求制定出相应的补口质量标准和技术措施，施工方案经设计和用户单位签字同意后予以实施。

总之，管道内涂层的补口质量应不低于管子本体内涂层的质量要求。鉴于本书重点讨论减阻型内涂层，对内补口技术就不做更详细论述了。

6.5.6 涂覆工艺的注意点

内涂施工可在管道的其他处理（主要指外覆盖层施工）之前进行，也可在外涂之后进行，方案的选择取决于内涂生产线、场地、工艺条件等因素。不管施工单位采用什么工艺，都应得到业主的认可，一旦认可，施工单位就不应再轻易改动了。“先内涂、后外涂”的工艺要注意所选涂料必须耐外涂施工时的高温，“先外涂、后内涂”的工艺要注意在内涂时对外覆盖层的机械保护。

在搬运及存放过程中应特别小心，确保覆盖层干净不受损坏。

应仔细清洁，除去油脂，排除内涂固化过程中任何灰尘或污染物，在涂膜完全固化之前管子两个端部要加帽保护（要留有孔洞利于溶剂挥发），表面完全干燥后可自然堆放。

内涂施工的环境条件为，温度不应低于 10℃，相对湿度不得大于 80%，管体温度高于露点 3℃。如未采用加热快速固化，当作业区环境的相对湿度大于 90%时，则必须停止涂覆作业。

6.5.7　管道标记

在抛丸处理之前，管道内壁应有明显标志，表面处理后移到外表面上，喷涂后在管子一端的内侧要再重新涂设标志。标记内容包括：加热的温度、管子制造商的标志、钢级、直径、标准重量、壁厚及业主所要求的管子制造应有的参数等。标记方法应采用喷涂方式，涂料类型应和基体涂料相融，并与基面颜色反差要大。

要特别注意，所选用的标记涂料中不得含有对内覆盖层有害的溶剂。

6.6　涂敷工艺

6.6.1　现场涂敷工艺

与更换管道相比，用现场内涂敷的方法对在役管线进行修复可以大量节约管道的大修费用，使管道免受腐蚀和磨损，同时，从实质上增加管线的输送能力。尽管现场涂敷所用的设备形式多种多样。但其工艺方法基本相同，主要包括以下几个步骤：

（1）进行管线检测；

（2）用钢丝刷清管器和刮刀清管器清除管子运行期间管内形成的腐蚀产物和固体杂物，如图 6-19 所示；

（3）用去污剂、溶剂或乳化剂去除脏物和油污，如图 6-20 所示；

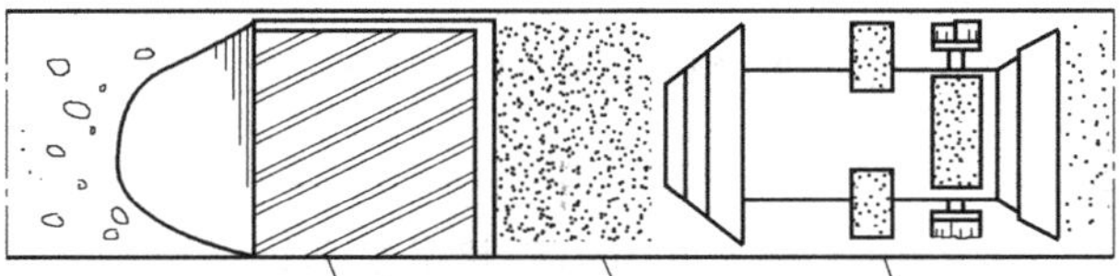

图 6-19　机械清管器的现场清理装置

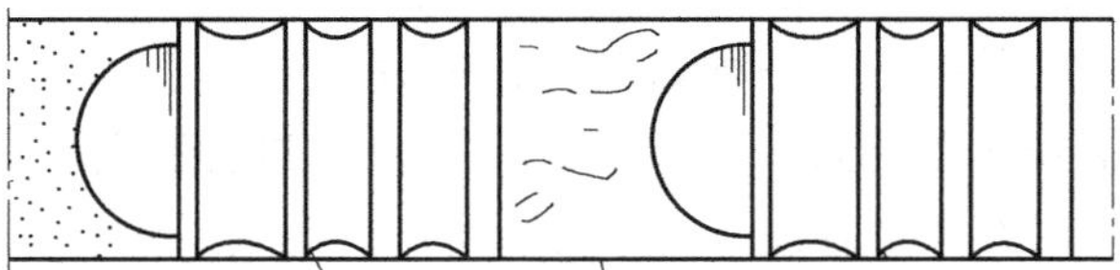

图 6-20　管道的现场化学清洗装置

（4）对管子进行喷砂，除去微粒和锈斑，如图 6-21 所示；

（5）用清管器和溶剂冲洗去除管内灰尘；

（6）干燥管道内表面：用氮气吹扫管道内部以蒸发掉溶剂；

（7）进行内涂敷，如图 6-22 所示；

(8) 涂层干燥和固化；

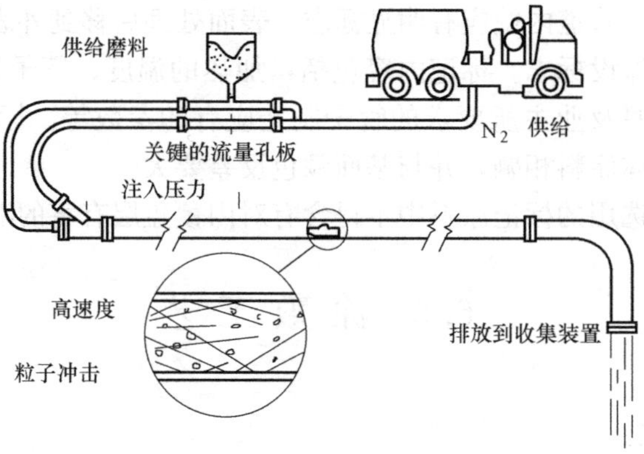

图 6-21 管道的现场喷砂除锈装置和工艺流程

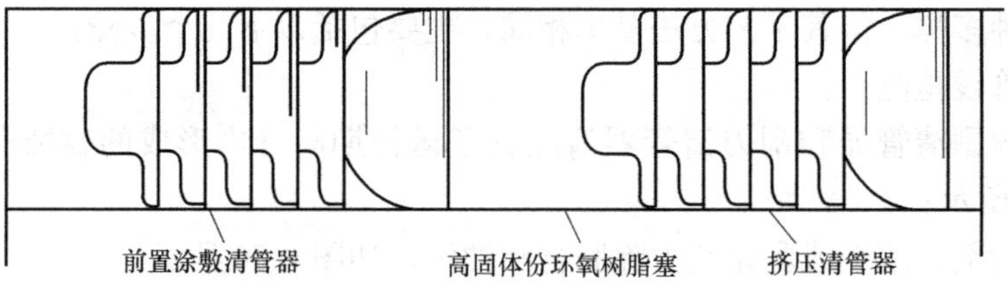

图 6-22 管道现场双挤压涂覆装置

(9) 涂层检测验收。

对于在役管线，由于运行时间长，管道内部状况复杂，如何选择正确的施工方案尤为重要。因此，在涂敷之前，必须用“智能清管器”对管线内部进行检测，根据检测结果制订管道内表面预处理方案，选择适宜的环氧涂料。对管子内壁进行清理一般采取上述(2)～(6) 的步骤。目前，国内外对现役管线进行内部清理以最终达到施工要求的方法基本有两种：一种是化学清理法，它包括酸浸蚀和钝化，其装置如图 6-20 所示，主要是利用中间带有化学清洗剂的两个橡皮滚子清管器对管道进行多次清理；另一种方法就是机械清理法，现场一般采用两种装置，一种如图 6-19 所示，它是利用刮刀和钢丝刷两种清管器，中间夹着水进行清管作业；另一种如图 6-21 所示，这种装置利用高压氮气泵将高速氮气流注入管道内，同时在入口处注入选好的磨料，借助氮气流的动能使磨料与管内壁反复碰撞接触，最终达到要求的除锈等级。现场清理时，有时也经常需要化学清洗和机械清洗两种方法配合使用，以达到最佳的除锈效果（主要是考虑有些环氧涂料要求管子内表面保持一定的锚纹深度）。

对管子清洗干燥后应立即进行内涂敷作业。长输管线的现场涂敷一般采用双塞挤压工艺，其工艺流程如图 6-23 所示。涂敷时，将混合好的涂料注入两个清管器之间(图 6-22)，两个清管器分别称为“引导清管器”（或叫前置涂覆清管器）和“涂敷清管器”（或叫挤压清管器），它们靠注入的氮气压力以一定的预设速度被推进，完成涂敷作业。

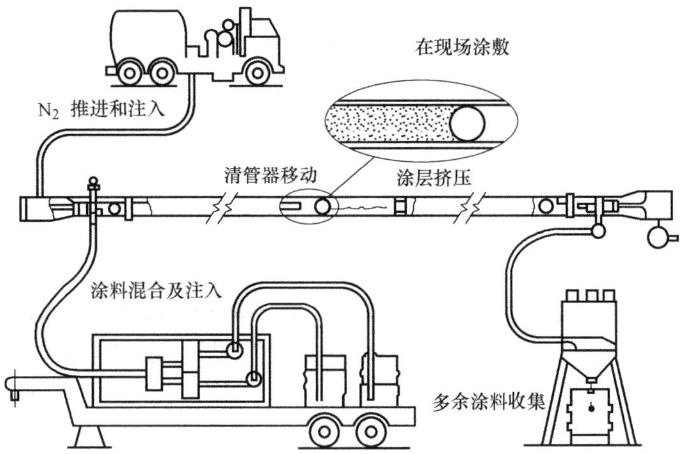

图 6-23　管道的现场涂敷工艺流程

清管器的设计是依据将要涂敷的管道内部几何形状和涂层厚度而决定的，其主要类型如图 6-24 所示。图示这几种清管器都适合敷 25.4μm 至 76.2μm 干膜厚度，但使用条件和性能却各不相同。根据国外公司的使用经验来看，带皮碗的圆盘清管器一般难以通过小半径弯头，如果发生堵塞，很难倒退出管道；双向作用的圆盘清管器是可以倒退的，并且很容易通过标准弯头；而充气球既可以倒退，又可以通过小半径弯头，而且适合轻微不圆的管道，在管道内部应力和运行压力作用下，它们不会被压扁或变形。此外，采用氮气作推进介质可以有效地消除涂料中溶剂意外着火的可能性。

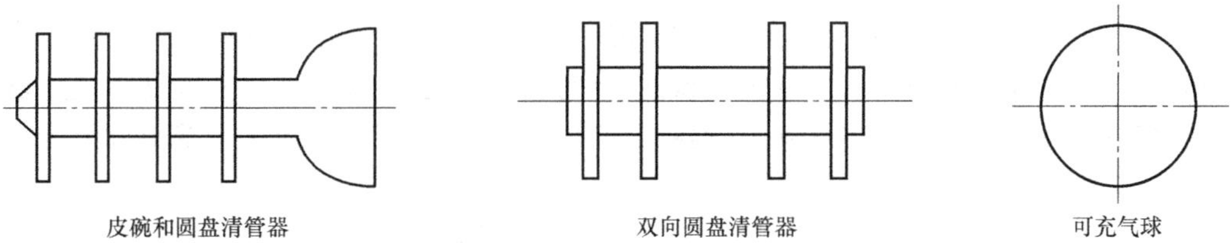

图 6-24　现场涂敷清管器的类型

在现场涂敷中，如何调整好涂层厚度是整个涂敷作业管理的最终目的，决定涂层厚度的因素主要有：管内壁状况、涂敷清管器的类型和尺寸、涂敷清管器的柔韧性及与管内壁的紧密程度、清管器串列的行进速度（或挤压速度）、混合后涂料的流变性等。由于需要考虑的因素很多，因此，在采用“双塞挤压工艺”进行现场内涂敷施工时，业主一般选择那些现场施工经验丰富、设备可靠的涂敷商。

涂层完全固化后，由管道内检测清管器检查涂层的厚度和完整性，避免不应有的漏涂。

6.6.2　新建管线的工厂预制涂覆工艺

新建大口径天然气管道的内涂层施工一般采用工厂预制法，如 2000 年美国和加拿大合作建成投产的 Alliance 输气管道就是采用这种方法进行内涂层施工的。图 6-25 是工厂中管子内涂层涂敷的典型工艺流程图。

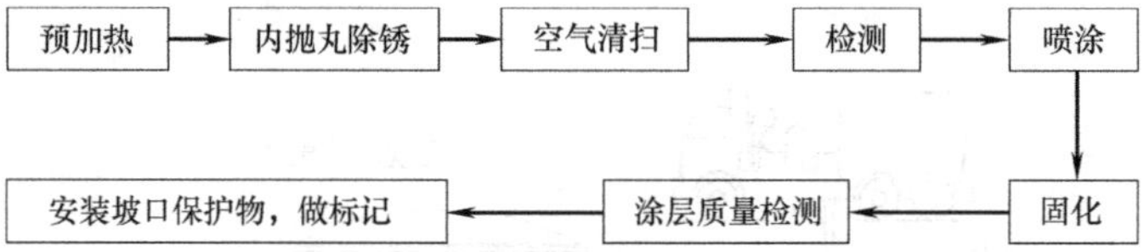

图 6-25　工厂预制管道内涂敷工艺流程图

1. 钢管内表面的预处理

(1) 工艺

钢管表面预处理是管道内涂层施工技术中最重要的一个环节，表面预处理质量是涂层质量极为重要的外界保证条件，钢管内表面除锈好坏将直接影响涂层与管体表面的粘结力，正如前面现场涂敷工艺中介绍的除锈方法一样，工厂内除锈一般也有化学清洗和机械清洗两种方法。

化学清洗（也称为酸洗）是早期使用的方法，它需要用大型洗槽将管子依次浸泡在热酸液（常用稀硫酸）、热水、磷酸液中，然后用热水漂洗，这种方法除锈效率比较低、费用高，处理后的管壁如果残留微量的酸液就会使涂料中的固化剂失效，并且难以保证在钢管内表面形成一定的锚纹深度。一般而言，高性能的环氧树脂涂料，为了提高涂层与钢表面的粘结力，要求钢管内表面处理后的锚纹深度宜在 30～60μm。

机械除锈是一种广泛采用的钢管内表面预处理方法，它包括机械钢丝刷除锈和喷、抛丸（砂）除锈。钢丝刷除锈效果不理想，在不同程度上影响了涂层与管体表面的粘结质量，此外，机械钢丝刷除锈还消耗大量的电力，成本远远高于喷丸（砂）法，不适应新涂层的技术发展，不能满足工程施工进度的要求。

目前，油气管道常用的内表面除锈方法主要有以下两种：

1) 喷砂（丸）除锈：它是利用压缩的高压空气将砂（丸）推（或吸）进喷枪，从喷嘴中喷出的磨料高速撞击钢管内壁表面铁锈，使其脱落出去。喷丸（砂）除锈系统主要由空气压缩机及过滤装置、喷砂（丸）设备、砂（丸）回收装置、通风除尘等部分组成。图 6-26 是气动内喷砂（丸）装置的示意图。

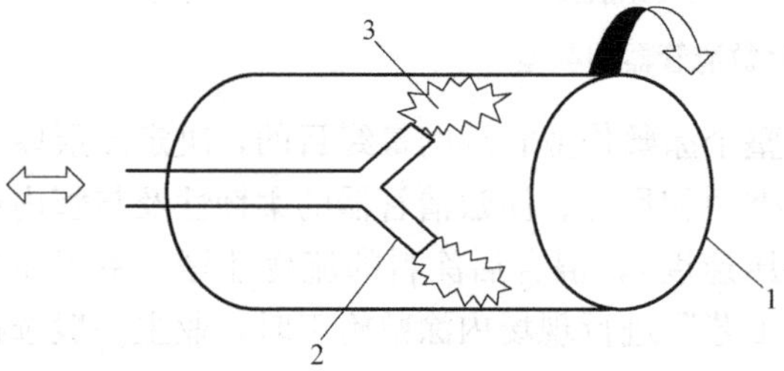

图 6-26　气动喷砂（丸）装置
1—钢管；2—喷头（水平移动或旋转）；
3—喷砂（丸）与气流混合物

影响喷砂（丸）除锈效果的因素很多，比如：空气的压力，磨料的种类、尺寸和形状，喷枪的口径，磨料的投射角度、投射速度和距离，喷管的内径及长度等，现场清理时要根据钢管内表面锈层的具体情况综合考虑选择适宜的磨料和设备参数。

2) 抛丸除锈：用抛丸方法不仅可以除去钢管表面的锈迹、氧化皮，而且可使钢管表面强化，消除残余应力，提高耐疲劳性能和抗应力腐蚀性能。抛丸除锈机的叶轮在高速旋转过程中产生离心力和抛力，当铁丸流进丸管时，便被加速带入高速旋转的分丸轮中，在离心力的作用下，铁丸由分丸轮经定向套窗口飞出，并沿叶片不断增加速度直至被抛出，抛出的铁丸以一定的扇形高速射向钢管表面，冲击铁锈、氧化皮，使其脱落除去，图 6-27 是离心叶轮抛丸装置的示意图。

由于抛丸机叶片受磨料的冲击、摩擦频繁，很容易磨损变薄而破裂，需要经常更换、维修，因此，选择叶片材料必须考虑其耐磨性，表 6-7 是几种材料制造的叶片使用寿命。

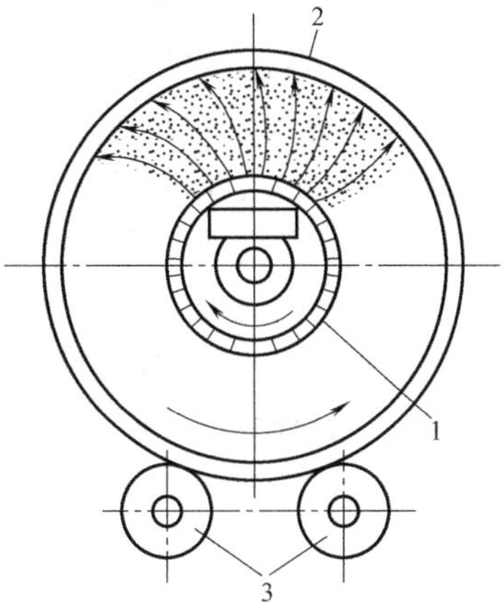

图 6-27　离心叶轮抛丸装置
1—离心叶轮抛头；2—钢管；
3—旋转钢管的辊轮

抛丸机的抛丸量是提高除锈质量和产量的主要因素，在一定的叶轮直径、转速和结构条件下，影响抛丸量的主要因素有：分丸轮的内、外径，窗口长度和宽度，钢管内表面粗糙度，定向套直径、窗口角度，进丸管直径，抛丸机叶片数，电动机功率，丸粒材质和粒度等。根据这些影响因素，采取下列措施做一些适当的改进便可有效地提高抛丸量，从而提高除锈效果和速度。

① 适当增加分丸轮内径、窗口的长度和宽度，这样可以降低丸粒的运动阻力，增大离心力，明显地提高抛丸量；

② 减小分丸轮内表面的粗糙度，以降低丸粒的运动阻力和减少分压损失，可以增大抛丸量；

几种材质的叶片使用寿命　**表 6-7**

材质	硬度(HRC)		使用寿命(h)
	铸态	淬火态	
5 号合金	42.5～48	51～62.5	>400
6 号合金	43.6～55	61～63	584～704
低铬稀土白口铁	47～50	64～68	200～328

③ 定向套窗口的角度一般以 45°～60°为最佳，抛丸器的进丸管不宜过大或过小，一般在 55mm 左右时，抛丸量最高；

④ 抛丸量与抛丸机叶片数量有关，适当增加叶片数可以增大抛丸量；

⑤ 采用钢丝丸粒比铸铁丸粒的抛丸量可增加 5%～10%，这主要是因为铸铁丸粒体积比钢丝丸粒大，且易破碎、摩擦力大、流动性差；

⑥ 抛丸量与电动机耗用功率成正比，增加电动机功率可以增大抛丸量。

根据国外管道施工公司的长期经验，喷砂（丸）除锈方法单位时间处理的钢表面积小，效率低，因此，小口径钢管通常采用喷砂除锈法，而大口径钢管一般则采用抛丸除锈法，这种方法磨料利用率高、除锈速度快、成本低，适合大规模作业。

大口径钢管内抛丸除锈机主要由以下设备组成：

① 除锈前的预热设备：采用中频加热方式或预热炉（空气预热）；

② 转管台：配备液压传动的入管/卸管臂；

③ 管口两端护罩；

④ 行走式内伸臂；

⑤ 机械内抛头；

⑥ 钢丸提升机；

⑦ 皮带式送丸系统；

⑧ 皮带式收丸系统；

⑨ 集尘系统：包括旋风分离器、过滤器、风机和排风道；

⑩ 倾管倒丸、吹扫装置：包括液压倾斜桥架、钢丸收集斗、钢丸传动输送机及传送带，也可以在伸臂车上设真空泵和分离器，由真空抽吹系统清理出管内残余钢丸和灰尘。

（2）钢管内表面预处理效果的检验

早在20世纪50年代，美国第一个制定了《钢结构表面预处理规范》（SSPC），提出了五种喷砂处理标准，此后，英国、日本、瑞典等国家相继制定了本国《钢结构表面预处理规范》。对用于油气管道内涂层施工的钢管，其内表面预处理效果，各国采用的检验标准虽不尽相同，但除锈质量等级却都是要求达到Sa21/2级。

我国也规定了涂装前钢材表面预处理的一些相应标准和规范，《涂覆涂料前钢材表面处理　表面清洁度的目视评定　第一部分：未涂覆过的钢材表面和全面清除原有涂层后的钢材表面的锈蚀等级和处理等级》GB/T 8923.1—2011是等效采用了目前的国际标准ISO 8501-1：1988的有关部分。

经喷、抛丸处理后，钢管表面应有一定的锚纹，锚纹的存在可以加大钢管表面与涂层的接触面积，大大提高涂层的粘结力。但是，预处理后的锚纹深度如果过大，一方面不仅会增加涂敷过程中涂料的用量，造成不必要的浪费，另一方面会使涂层产生气泡，同时，由于可能存在无涂料覆盖的波峰而降低涂层的光滑度。根据国外多数公司的生产实践，减阻型内涂层钢管内壁经喷、抛丸后的锚纹深度范围一般在30～50μm左右，一般根据设计要求的内涂层厚度而定。锚纹深度的测量，在试验室可用金相法或轮廓仪、显微镜等进行测量。现场可用磁性厚度仪或便携式表面粗糙度仪进行测量。用标准样块进行比较，则更为方便和实用。

锚纹深度的大小一般与磨料的粒度、形状、材质以及喷射的速度、距离、作用时间等工艺参数有关，其中磨料粒度对锚纹深度的影响较大。表6-8给出了几种磨料产生的平均锚纹深度。

几种磨料产生的平均锚纹深度　　表6-8

磨料种类	粒度(mm)等级(目)	平均锚纹深度(μm)
刚玉砂	0.18/80	25
	0.25/60	40
	0.42/40	50
铸铁砂	0.6-1.0/G24	32
	0.85-1.18/G34	37
铜矿砂	0.25-0.6/30-60	40
金刚砂	0.18/80	25
	0.25/60	40
	0.25-0.60/30-60	50

续表

磨料种类	粒度(mm)等级(目)	平均锚纹深度(μm)
钢砂	0.43-1.18/G25	30
	0.71-1.4/G18	50
钢丸	0.6-1.18/S288	30
	0.71-1.4/S330	40
	0.85-1.7/S390	50

注：1. 表中所指某种磨料产生平均横纹深度是指在良好的喷（抛）射条件下预期达到的平均表面粗糙度；
2. 表中刚玉砂硬度（Mhos 标准）为 9HRC，铸铁砂硬度为 62HRC，铜矿砂硬度为 6～7HRC，金刚砂硬度为 7.5～8.0HRC，钢砂硬度为 55～60HRC，铜丸硬度为 40～50HRC。

2. 钢管的内喷涂

管内壁抛丸除锈清理干燥后应立即喷涂。目前，国外已基本淘汰了空气喷涂法，取而代之的是高压无气喷涂（简称无气喷涂），所占比例达到 80%以上。此外，粉末静电喷涂、高温离子喷涂等技术也发展迅速，各种新型实用的工艺不断被推出。《非腐蚀性气体输送管道内覆盖层推荐做法》API RP 5L2 和英国标准《钢质干线用管和管件内覆盖层施工规范》GBE/CM1 都规定液体双组分环氧涂料应（或最好）采用无气喷涂设备进行内涂敷作业。国外一些著名的涂料公司生产的干线天然气管道内喷涂所用的液体环氧涂料，一般也是优先选用无气喷涂法。无气喷涂的原理如图 6-28 所示，它是利用压缩机产生的高压空气推动活塞将涂料室中涂料的压力提高到一定水平（通常为 11～25MPa），涂料在高压作用下产生互穿网络交链反应。涂料注入高压喷枪经过滤后，由螺旋式送料器推向喷嘴，涂料离开喷嘴的瞬间以高速与空气发生激烈的碰撞，使涂料形成更小的微粒以球面喷向管壁，并粘附在管内表面上。

无气喷涂与空气喷涂相比，涂装效率高 3 倍以上，它对涂料粘度的适应范围广，由于无气喷涂避免了压缩空气中的水分、油滴、灰尘对漆膜造成的影响，因此喷涂后的漆膜质量好、涂层均匀、不带针眼气孔。此外，无气喷涂不用空气雾化，能够有效地减少涂料和溶剂雾滴对环境的污染。

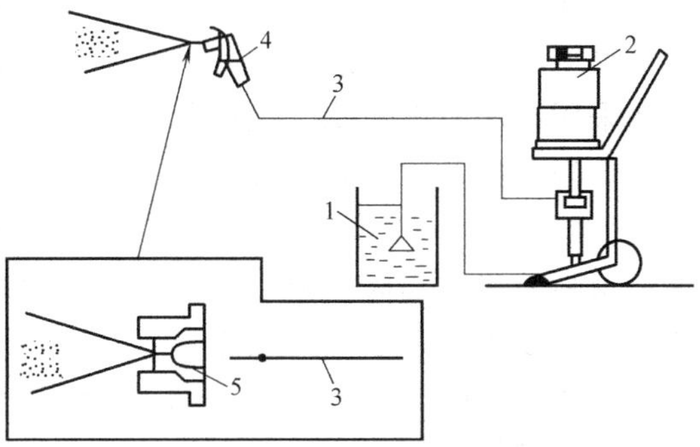

图 6-28　无气喷涂的原理
1—涂料容器；2—高压泵；3—高压涂料输送管；4—喷枪；5—喷嘴

钢管内喷涂作业线一般包括以下装置：

（1）转管台（配有装卸臂及液压装置）；

（2）管两端护罩；

（3）内喷伸臂；

（4）伸臂移动小车及轨道；

（5）喷涂设备（包括动力源、比例泵、输料管、喷枪、带有搅拌器的涂料罐、混合器等)；

(6) 废气处理系统；

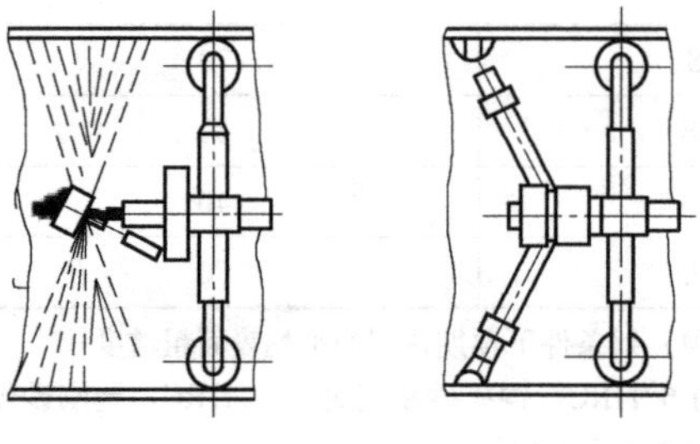

图 6-29 牵引式内涂装置
(a) 摇摆式；(b) 多喷头式

(7) 喷涂系统清理装置；

(8) 出管及末端台架；

(9) 固化炉。

根据喷头的移动形式，无气喷涂装置主要有牵引式和悬臂式两种。牵引式是将喷头安装在一个带辊子的牵引小车上，小车沿管内壁做轴向运动，喷头按一定速度旋转进行喷涂，管子可以固定不动，其装置如图 6-29 所示。悬臂式是将数个喷头安装在悬臂喷枪梁上，梁带动喷枪沿管子做轴向运动，管子旋转，其装置如图 6-30 所示。

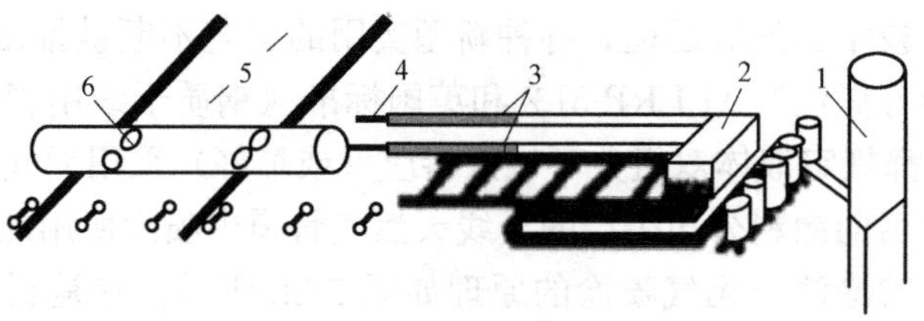

图 6-30 悬臂式喷涂装置
1—涂料储罐；2—喷枪滑座；3—喷枪；
4—喷头；5—进管；6—回转夹具

对于环氧粉末涂料，目前，国内外普遍采用静电喷涂法。其基本原理如图 6-31 所示，这种方法采用高压静电吸附，也就是将喷枪头与高压电负极连接，被涂管子接地形成正极，这样就使喷枪头与管子之间形成了较强的静电场，当涂料从喷枪口喷出时，由于枪头尖锐边缘产生电晕放电使粉末粒子带有负电荷，并在电场静电力的作用下吸附到管子内表面上，随着管子的旋转和加热，粉末熔融（或塑化），然后冷却固化，形成均匀、连续、平整、光滑的涂膜。

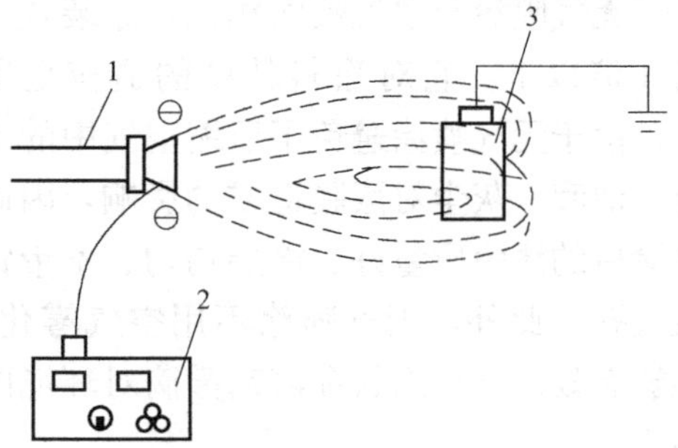

图 6-31 环氧粉末静电喷涂原理示意图
1—静电喷粉枪；2—高压静电发生器；3—涂敷工件

粉末静电喷涂法的工艺流程如图 6-32 所示，它需要的主要设备有：高压静电发生器、供粉器、喷粉柜、粉末回收装置、静电喷粉枪和烘烤炉等。

环氧粉末静电喷涂法是油气管道内外涂层施工中应用最多的一种涂敷方法，它的最大特点是粉末利用率高，可达 95%以上。此外，固化后的涂膜均匀、平滑、无流挂现象，整个涂敷作业线易于实现自动化生产。

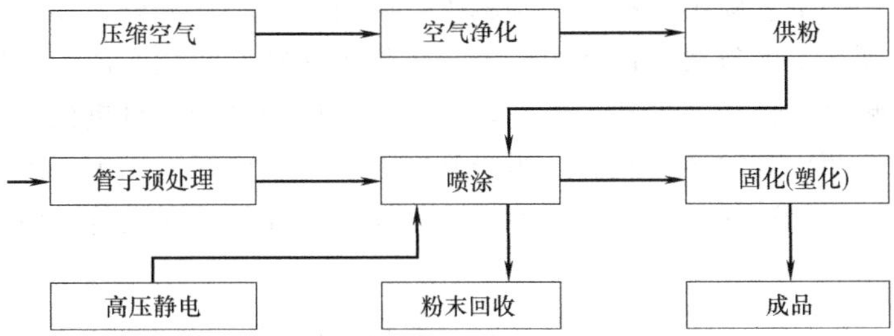

图 6-32　粉末静电喷涂的工艺流程图

6.6.3　管道内、外涂层的联合施工工艺

由于干线输气管道在实际施工中还涉及一个外防腐问题，因此，在工厂预制过程中，我们应根据内、外涂层所采用的涂料类型充分考虑涂敷工艺衔接问题，以便使管体内、外涂层的施工进度尽量可以同步进行，这样既节省投资，又加快了施工进度。图 6-33 是管道内、外涂层“先内后外”联合施工工艺流程图，而“先外后内”工艺与“先内后外”效果是相同的，只是顺序不同。

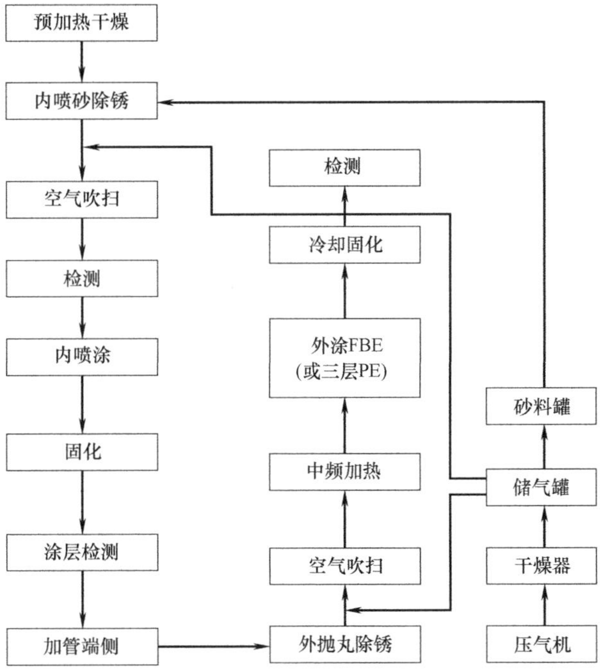

图 6-33　管道内、外涂层联合施工工艺流程图

对于外防腐采用熔结环氧粉末（FBE）或三层 PE、内涂层采用液体环氧涂料（减阻型）的结构而言，采用“先内后外”工艺或“先外后内”工艺在技术上都是可行的。所谓“先内后外”工艺，即先做完内涂层后，管子两端加上保护罩，然后再进行外防腐层的施工，而“先外后内”工艺正好相反。采用“先内后外”工艺虽然不会对外涂层造成任何损坏，但是对内涂层的性能质量有所影响，因为外涂层 FBE 施工时，管体加热温度在大约几分钟的短时间高达 220～230℃，所以已经涂敷好的内涂层就要涉及一个耐热性问题。

而采用“先外后内”工艺就不存在这个问题了，同时外涂层施工后管体的余热可使内涂层表面预处理时的预热工序省去，这样可以大大降低内涂敷作业线的造价，但是内涂层施工时，由于管子要频繁旋转和在管架上搬动，尤其是大口径管子，自重很大，外涂层的损坏概率极大。因此，两种方法各有利弊，很难确定哪种方法更好。如果外涂层涂料采用其他一些不需要高温加热的涂料，如双组分液体环氧涂料、煤焦油磁漆等，就不存在内涂层的耐热性问题了。

现场施工中，究竟采用哪种工艺方法，一般是根据内、外涂层的涂料类型、涂敷商的设备制造水平和实际操作经验以及工程业主的要求而确定的。目前，这两种方法在国外各大涂敷公司都有使用，从长期的应用情况来看，都能够保证内、外涂层的整体质量。

第7章　减阻内涂的经济性

从前面几章的叙述，可以得知：天然气管道内覆盖层减阻技术在国外干线上应用非常普遍；施加减阻内涂技术主要目的是提高干线管输天然气的效率、减低压缩机的安装功率以及减少压缩站数。

实际上，早期北美大多数用户在对所有 NPS16 和更大的天然气管道使用内覆盖层时几乎没有考虑到它的经济性。1980～1990 年，北美的内涂覆费用上升达 400%，燃料费用 1980～1984 年增加 60%，1984～1990 年又降低了 40%。这种在十年之间燃料费和内涂覆费用相对大幅度地变化，使得对预选使用内覆盖层的管道做出详细的经济性评估显得非常重要。

干线输气管道是否采用减阻内覆盖层，要综合考虑整个管道建设项目的技术可行性与经济合理性，二者缺一不可，而经济性更是最终的目的。一是，干线输气管道建设投资数额巨大，因而投资风险随之增大；二是，天然气销售市场竞争日趋激烈，从而导致对投资决策的明智性要求越来越高；三是，业主要求在尽可能多的方案中选择最优的方案，以最短的时间、最低的费用，谋求最大限度的效益；四是，为强化预算控制，减少不必要的损失，尽量避免投资方案的多变性。因此，在设计、建设、投资前必须进行技术与经济性的分析与评判。在天然气干线管道诸多技术环节之中，减阻内覆盖层的经济性当然也不可忽视。在此，天然气管道处在何种状况（输送距离、内壁粗糙度、输量等）下采用内覆盖层较为合理是问题的一方面；采用内覆盖层后增加的投资大到多少，整个项目投资就会有经营风险是问题的另一方面。

鉴于上述原因，近年来西方发达国家开始把经济分析和评判作为干线输气管道采用内覆盖层投资决策的先决条件，进行了大量的研究，并使用了一些可行的办法。最常用的方法是所谓“费用现值法（CPVCOS）”和“差额投资净现值法（ΔNPV）”。

由于干线输气管道采用内覆盖层前后对其经济性影响的因素较多（如：内壁粗糙度、压力、输量、输送距离、输气价格、涂料与施工费用等），许多因素有很大的不确定性，建成后管道寿命期内的效益难以估算等原因，使得这些方法还不能普遍适用，而且都存在不够成熟之处。

7.1　费用现值法（CPVCOS）

7.1.1　定义及计算公式

费用现值法（CPVCOS）是一种动态评价方法，它不考虑干线输气管道投资方案的收益，只考虑其投资、经营成本或残值的现值。当各方案的产出相同或产出不易计算时，采用该方法比较各方案的费用现值。

费用现值就是将工程项目设计寿命期间内的年经营成本，以基准收益率或给定的折现率折现为现值，再与项目的投资现值相加（若有残值，应扣除残值的现值），以求得工程项目总费用的现值。其计算公式为：

$$CPVOS=\sum_{j=1}^{n}\frac{ACOS_t}{(1+i)^t}+I_P-\frac{S}{(1+i)^t} \tag{7-1}$$

式中：$CPVOS$——费用现值，万元；

$ACOS_t$——第 t 年的经营费用，万元；

I_P——项目投资现值，万元；

S——项目寿命期末残值（含回收流动资金），万元；

$\frac{1}{(1+i)^t}$——折现系数；

i——基准收益率，%；

t——项目寿命期，年。

若工程项目寿命期年限内各年有相同的经营成本 A，则

$$CPVCOS=A\cdot(P/A,i,n)+I_P-\frac{S}{(1+i)^t} \tag{7-2}$$

式中：A——经营成本；

$(P/A,\ i,\ n)$——等额支付系列现值系数，其值可查表求得。

7.1.2 判别方法

费用现值法适合于多方案比较。运用该方法选择方案时，其前提是各方案的产出相同或提供相同的服务，计算和比较的只是总费用。这时应注意相互比较的各方案的寿命期是否相同，若不相同，则应用最小公倍数法将其寿命期调整一致后方可计算。判别准则是：以费用现值最小的方案为最佳方案。

7.1.3 简单示例

假设 A、B 分别为采用和不采用内覆盖层管道两个投资项目，在建设初期均为一次性投资，建设期为 1 年，生产期为 15 年，其经济指标见表 7-1，若基准收益率 $i=12\%$，用费用现值法选优。

项目主要经济指标 **表 7-1**

序号	方案	项目总投资(万元)	经营成本(万元/年)	寿命期(年)	残值(万元)
1	A	10000	720	15	100
2	B	8500	950	15	0

由于 A、B 两个方案的寿命期相同，可直接比较。

由公式 (7-1) 得：

$$\begin{aligned}CPVCOS_A&=10000+720(P/A,12\%,15)-100(1+12\%)^{-15}\\&=10000+720\times6.8109-100\times0.183\\&=14886\text{ 万元}\end{aligned}$$

$$
\begin{aligned}
CPVCOS_B &= 8500 + 950(P/A, 12\%, 15) \\
&= 8500 + 950 \times 6.8109 \\
&= 14970 \text{ 万元}
\end{aligned}
$$

因为，$CPVCOS_A < CPVCOS_B$，所以A方案优于B方案。

7.1.4　费用现值法的特点

（1）不考虑投资方案的收益；

（2）仅考虑投资、经营成本或残值的现值；

（3）在方案寿命期相同时，运用费用现值法进行两方案的经济比较非常方便，但在方案寿命期不同时则很麻烦；

（4）运用费用现值法有一定的局限性。

7.2　费用输量比率法（ADUCOS）

7.2.1　定义

费用输量比率法（ADUCOS）是比较投资项目的另一种方法。是指将工程项目设计寿命期间内的年经营成本，以基准收益率或给定的折现率折现为现值与其在寿命期间内的累计产量的比值。

7.2.2　费用输量比率法的特点

费用输量比率法既能计算货币的时间价值，也能反映出介质输送的时间特征。它不仅能对每个管线投资方案相关的不同费用进行对比，也能对在管线设计寿命期间内不同的产量进行优劣对比，但对项目建成后的效益难以做出分析、判断。

7.3　差额投资净现值法（ΔNPV）

差额投资净现值法是评价互斥型方案常用的方法之一，通常投资大的方案比投资小的方案净收益大或经营成本低。但投资大的方案比投资小的方案所增加的那部分投资即差额投资（或追加投资或增量投资）是否合理，就要做差额投资净现值的计算，根据计算结果进行判定。

7.3.1　定义及计算公式

差额投资净现值法就是指两个方案的净现金流量之差的净现值。或两个方案的净现值之差额。其公式如下：

$$\Delta NPV_{2\text{-}1} = \sum_{t=0}^{n} \frac{[(CI - CO)_2 - (CI - CO)_1]_t}{(1+i)^t} \tag{7-3}$$

或

$$\Delta NPV_{2\text{-}1} = NPV_2 - NPV_1 \tag{7-4}$$

式中： $\Delta NPV_{2\text{-}1}$——方案Ⅱ与方案Ⅰ的差额投资净现值；

$(CI-CO)_1$、$(CI-CO)_2$——分别为投资小的方案和投资大的方案的净现金流量。且 $(CI-CO)_1<(CI-CO)_2$；

$[(CI-CO)_2-(CI-CO)_1]_t$——第 t 年方案Ⅱ与方案Ⅰ的净现金流量之差。

若相互比较的方案只有一次初始投资，且以后各年均有相等的净收益 A，则两个方案的差额投资净现值计算公式如下：

$$\Delta NPV_{2\text{-}1}=-(I_1-I_2)+(A_2-A_1)\cdot(P/A,i,n) \tag{7-5}$$

7.3.2 判别方法

用差额投资净现值指标来评选方案时，如果由于投资增加而增加的收益，以基准收益率或给定折现率折现后所得到的收益现值大于增加投资的现值，即：差额投资净现值大于等于零，则投资的增加是合理的，投资大的方案可取；反之，如果由于投资增加而增加的收益，折现后所得到的收益现值小于增加投资的现值，即：差额投资净现值为负，则投资的增加是不合理的，投资大的方案不可取，而投资小的方案是可行的。判别准则如下：

当 $\Delta NPV_{2\text{-}1}\geqslant 0$ 时，投资大的方案Ⅱ可取；

当 $\Delta NPV_{2\text{-}1}<0$ 时，投资小的方案Ⅰ可取。

7.3.3 方案优选的步骤

(1) 把各方案初始投资按递增的次序排列。

(2) 选初始投资最小的方案作为临时最优方案（也可选择零方案为临时最优方案），其他方案作为竞选方案。

值得注意的是，唯有证明投资较少的方案是合理时，才能成为临时最优方案，其他投资较大的方案才能与之比较。

(3) 计算两个方案的差额投资净现值，并进行判断：

当 $\Delta NPV_{2\text{-}1}\geqslant 0$ 时，投资大的方案Ⅱ可取，淘汰投资小的方案Ⅰ；

当 $\Delta NPV_{2\text{-}1}<0$ 时，投资小的方案Ⅰ可取，淘汰投资大的方案Ⅱ。

(4) 用选出的较优方案与下一方案进行比较。比较一次，淘汰一个，依次比较、选优，直至选出最优方案。

7.3.4 差额投资净现值法的特点

差额投资净现值法考虑了资金的时间价值，可以清楚地表明各个方案在整个寿命期内的绝对收益，简单、直观。缺点是折现率或基准收益率的确定比较困难，而折现率的大小又直接影响方案的经济性。此外，由于它所反映的是方案的绝对经济效益，不能说明资金利用效果的程度。当各方案投资不同时，易选择投资大盈利也大的方案，而忽略投资较小盈利较多的方案。

7.4 追加投资回收期法（ΔP_{t}）

追加投资回收期法又叫差额投资回收期法或增额投资回收期法，是评价互斥方案的常用方法之一。

比较两个互斥方案时，可能出现两种情况。一是，方案Ⅰ的投资 I_1 比方案Ⅱ的投资 I_2 小，而方案Ⅰ的年净收益 M_1 则比方案Ⅱ的净收益 M_2 大，即：$I_1 < I_2$ 而 $M_1 > M_2$。显然方案Ⅰ优于方案Ⅱ。二是，方案Ⅰ的投资 I_1 和年净收益 M_1 均大于方案Ⅱ的投资 I_2 和净收益 M_2，即：$I_1 > I_2$ 而 $M_1 > M_2$。对这种情况就无法立即判断出哪个方案更经济。投资大的方案比投资小的方案所多投入的资金额能否带来更多的年净收益（或年经营成本更小）？采用追加投资回收期法可以解决诸如此类的问题。

投资大的方案比投资小的方案所多投入的那部分投资额叫作追加投资或差额投资（增量投资）。追加投资回收期是指投资大的方案用其每年所多得的净收益或节约的经营成本来回收或抵偿追加的投资所需的时间，一般以“年”为单位。

为了简便起见，假设互相比较的互斥方案寿命期相同，且各方案寿命期内各年净收益或经营成本基本相同，那么每两个互斥方案的各年净收益或经营成本之差额也基本相同。

计算出追加投资回收期（$\Delta P_{t2\text{-}1}$）后，应与基准投资回收期 P_0 相比较：

当 $\Delta P_{t2\text{-}1} \leqslant P_0$ 时，说明投资大的方案Ⅱ优于投资小的方案Ⅰ；

当 $\Delta P_{t2\text{-}1} > P_0$ 时，说明投资小的方案Ⅰ优于投资大的方案Ⅱ。

如果多方案相比较，可以用追加投资回收期法进行环比。方法是按照上面计算公式对两个方案进行比较，每用判别标准比较一次，淘汰一个方案。将保留下来的较优方案与下一个方案相比较，再淘汰一个。依次比较选择，直到选出最优方案。

追加投资回收期指标在两个方案比较中具有直观、简便的优点但它仅仅反映方案的相对经济性，并不说明方案本身的经济效果。

7.5　干线输气管道采用内覆盖层的经济判据

干线输气管道采用内覆盖层的经济判据，是指运用技术经济分析的方法，计算采用内覆盖层前后的有关技术经济指标，其计算结果与给定的标准（或两个方案之间）进行比较，以评判做出干线管道采用或不采用内覆盖层的选择。因此，经济判据中各相关参数的确定至关重要。

7.5.1　管内壁粗糙度的确定

管内壁粗糙度的计算一般采用有效粗糙度。有效粗糙度反映了管壁粗糙度和由诸如弯头、环状焊缝、接头及携带的特殊物质拖曳阻力所引起的当量粗糙度的复合影响。有效粗糙度的确定方法如下：

$$K_e = K_s + K_i + K_d \tag{7-6}$$

式中：K_e——有效粗糙度；

K_s——管壁表面粗糙度；

K_i——界面粗糙度（携带物质）；

K_d——弯头、焊缝及接头等引起的粗糙度。

在对方案进行技术经济指标计算时，可根据管子的实际情况直接从有关数据表中选择合适的数值。

7.5.2 压缩机站功率的确定

在干线输气管道设计时，通过工艺计算得出压缩机站的轴功率，在实际运营中，考虑到压缩机的功率要有一定的储备量，其安装功率等于轴功率乘以各影响系数。公式如下：

$$P_{\mathrm{w}}=P_{\mathrm{c}}\beta \tag{7-7}$$

式中：β——各个因素综合影响系数，$\beta=1.382$。其中包括：温度影响系数（1.05）；海拔影响系数（1.10）；进排气损失系数（1.02）；储备系数（1.15）；传动损失系数（1.02）。

P_{w}——安装功率。

P_{c}——轴功率。

7.5.3 干线输气管道增量投资的确定

设流量 Q 和管道输送总距离 L 一定，可得出加内覆盖层前后有效粗糙度 Ke 与压缩站间距 L 的关系式：

$$\frac{L_1}{L_0}=\left(\frac{K_{\mathrm{e0}}}{K_{\mathrm{e1}}}\right)^{0.2} \tag{7-8}$$

式中：L_0——未采用内覆盖层管道干线压缩站间距，km；

L_1——采用内覆盖层管道干线压缩站间距，km；

K_{e0}——未采用内覆盖层管道内壁有效粗糙度；

K_{e1}——采用内覆盖层管道内壁有效粗糙度。

从式（7-8）可看出，由于 $K_{\mathrm{e1}}>K_{\mathrm{e2}}$，采用内覆盖层后的压缩站间距 L_1，是未采用内覆盖层压缩站间距 L_0 的 $(K_{\mathrm{e0}}/K_{\mathrm{e1}})^{0.2}$ 倍。因此，可以相应减少压缩机站数而能确保与未采用内覆盖层输气管道相同的输量。

在管道内涂和未内涂两种情况下，主要的费用差别在于内覆盖层的费用，该费用通常占管道总建设费用的1%～2%。干线输气管道采用内覆盖层前后，其项目总投资中通信工程、自动化控制、调度中心工程、基地工程费用没有直接影响。因此，这几项费用相对不变，而与管道线路投资直接费用有关。采用内覆盖层前后投资的差额（即：增量投资）是进行经济比较评判的主要因素。

增量投资费用是指采用内覆盖层后比采用前的管道线路工程投资多出部分（即：管内壁除锈费用、内覆盖层材料费、喷涂施工费用之和）。用下式表示：

$$\Delta I=I_1-I_0 \tag{7-9}$$

式中：ΔI——增量投资，万元；

I_0——采用内覆盖层前管道线路工程的投资，万元；

I_1——采用内覆盖层后管道线路工程的投资，万元。

7.5.4 运营成本费用的确定

在内涂及未内涂两种方案运行费用之间主要区别反映在管道设计寿命期间的燃料消耗上。需对管道预期寿命的燃料价格进行预测来量化燃料费。

干线输气管道采用内覆盖层后，构成运营成本的诸多因素中可变因素较多，且很复杂，在对采用与不采用内覆盖层的两种方案进行比较时，仅考虑燃料费用、人工工资及附加费、清管费用、管理费用，其他可变费用忽略不计。

$$C=C_{r}+C_{rg}+C_{q}+C_{g} \tag{7-10}$$

式中：C——运营成本费用；

C_r——每年的燃料费用；

C_{rg}——每年的人工工资及附加费用；

C_q——每年的清管费用；

C_g——每年的管理费用。

采用内覆盖层后燃料费用随装机功率的改变而发生变化，由于压缩机所做的功与其压缩率的对数值成正比，故可得出下列关系式：

$$\frac{N_0}{N_1}=\frac{\lg r_0}{\lg r_1} \tag{7-11}$$

式中：r_0——无内覆盖层的管道某管段起点与终点压力绝对值的比值；

r_1——有内覆盖层的管道对应长度管段起点与终点压力绝对值的比值；

N_0——无内覆盖层的管道动力消耗；

N_1——有内覆盖的管道动力消耗。

根据干线输气管道计算的基本公式可得：

$$\frac{(p_1^2-p_2^2)_1}{(p_1^2-p_2^2)_0}=\frac{\lambda_1}{\lambda_0} \tag{7-12}$$

$$r_1=\sqrt{\frac{\lambda_1(r_0^2-1)+\lambda_0}{\lambda_{01}}} \tag{7-13}$$

将式（7-11）带入式（7-13）可得

$$\frac{N_0}{N_1}=\frac{\lg\sqrt{\dfrac{\lambda_1(r_0^2-1)+\lambda_0}{\lambda_0}}}{\lg r_0} \tag{7-14}$$

整理得：

$$N_0=\frac{\lg\sqrt{0.1523\dfrac{(k_1\cdot d)^{0.2}\cdot(r_0^2-1)+1}{k_0^{0.4}}}}{\lg r_0}N_1 \tag{7-15}$$

同样，在 k_0 取 45μm、k_1 取 10μm、r_0 取 1.4 时，则有表 7-2 的关系：

管道加内覆盖层后输气动力降低率　　表 7-2

D(mm)	300	400	500	600	700	800	900	1000
$\frac{N_1-N_0}{N_0}$(%)	27.42	24.06	21.37	19.12	17.18	15.48	13.95	12.56

燃料费用的确定如下式：

$$\Delta C_r=0.489QP\left(1-\frac{\lambda_0}{\lambda_1}\right) \tag{7-16}$$

式中：ΔC_r——两方案对比每年节约的燃料费用；

Q——年输量；

P——设计压力；

λ_0——未采用内覆盖层干线输气管道的摩阻系数；

λ_1——采用内覆盖层干线输气管道的摩阻系数。

上述介绍的四种因素是影响干线管道采用与不采用减阻内涂技术的主要因素。在进行经济计算时，还要涉及其他经济参数（表 7-3）。

其他经济参数　　**表 7-3**

参　　数	说　　明
设施总费用	资本费用＋建设期间资金折扣－运转资金
建设期间资金补息	返还率×(月数＋12)×建设费用
返还率	贷款×贷款利息＋净资产×净资产利息
折旧	(原始资本－剩余资本)/设计寿命
净资产	设施总费用－累计折旧额
所得税	[税率/(1－税率)]×应交的收入
应纳税的收入	返还＋折旧－利息费用－资本折现(CCA)
利息费用	贷款率×基本费用×贷款利息
资本折扣	设施总费用－累计折旧－建设期间资金折扣
操作费及维护费	管理＋实际操作费
年运营费用	折旧＋操作及维护费＋税费＋返还

7.5.5　采用内覆盖层管道运行费用的判定

在管道设计时需要进行经济决策，它要求对管道设计寿命期间采用内覆盖层的费用和效益做出详细的评估。

BenAsabten P Ene 所著的《天然气管道采用内覆盖层合理性的判定》给出了一个程序，它可以充分地对采用内覆盖层的费用及效益做出评估。

判定方法是：

当 $C_2 \leqslant 1.02C_1$ 时，内覆盖层方案就是经济的；

当 $C_2 > 1.02C_1$ 时，内覆盖层方案是不经济的。

其中，C_1 是不加内覆盖层的运营费；C_2 是采用内覆盖层的运营费。

风险分析和模糊评定技术也应该用来对一些无形的效益（例如：管子存放期的防腐蚀、对目视检查的增进、对天然气气质的保证等）进行量化，并且与费用分析综合考虑。如果无形的效益不足以量化，应考虑附加 2%的补偿因子；就是说：假如内覆盖层管道的运行费用是未采用内覆盖方案运行费用的 1.02 倍或更低，那么仍应推荐采用内覆盖层方案。

7.5.6　内涂覆管道经济性分析判定的程序

为了对干线输气管道采用与不采用内覆盖层尽快做出较为准确的判断，加拿大 NOVA 公司编制了对采用内覆盖层费用和效益分析的评估程序。该程序包括在预选管道的设计寿命期间对于燃料节约及内覆盖层花费之间的运营费用对比。将给定的管道有效粗糙度运用于水力学模型，可分别确定内涂和未内涂管道各自的燃料需要。将该数据连同其他相关的费用及操作费用输入到运营费用模型中，可以确定各种工况下累积的运营费用现值。具体评估流程如图 7-1 所示。

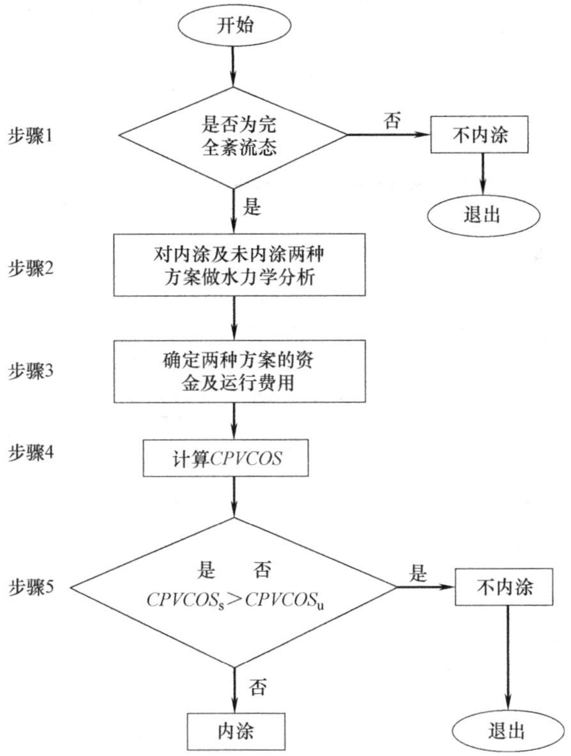

图 7-1　对内覆盖层评估

（1）确定运行流态。确定部分紊流和完全紊流流态转变的临界雷诺数，将其与根据流态和管路特性计算出的实际雷诺数相比较。假定预选管道的流量在其设计寿命期间内是变化的，判断通过管子的最大平均日输量是否处在完全紊流的流态下。假如预期的最大流量不处在完全紊流状态，那么，提高管道的管输效率不能用内覆盖层技术来实现。假如流态处于完全紊流区，应继续进行评估。

（2）进行水力学分析以确定燃料消耗。将管道设计寿命期间预期的运行条件（压力、温度、平均流量等）用于水力学模型以确定管道内涂覆前后各自的燃料消耗。相关的上、下游压缩机站将被用于该模型分析中。压力、流量与温度方程、压缩机方程可将流量、粗糙度和燃料消耗关联起来。

（3）确定投资及运行费用。在管道采用内涂和未内涂两种情况下，主要的费用差别在于内覆盖层的费用。该费用通常占管道总建设费用的 1%～2%。与此类似，在内涂及未内涂两种方案运行费用之间主要区别反映在管道设计寿命期间的燃料消耗上，需对管道预期寿命的燃料价格进行预测来量化燃料费。

（4）确定运行费用投资和运行费用以及运行费用参数用于运行费用分析模型，可对加或不加内覆盖层两种方案进行费用对比。可用费用现值法（CPVCOS）进行方案对比。

（5）经济评判。假如采用内覆盖层情况下的运营费用低于不加内覆盖层的费用，那么内覆盖层方案就是经济的。假如采用内覆盖层情况下的运行费用高于不加内覆盖层的费用的 1.02 倍以下，仍可考虑使用内覆盖层（基于对内覆盖层无形效益的考虑）。否则，内覆盖层方案就是不合算的了。

另外，假如前文提及的内覆盖层无形效益能得到近似量化，那么它们应该在运行费用和资金投入的确定中有所反映。例如，在管道加内覆盖层后与未加内覆盖层的管道清管费用比较上有充足的资料可利用，那么这些费用就可以在操作费用评估和运营费用分析中加以考虑。

7.5.7 我国西气东输管道采用内覆盖层的经济性分析

在西气东输管道工程可行性研究中，分别以 1016mm、1067mm 和 1118mm 三种管径设计了 6 个运行方案，在设计输量为 $120\times10^8m^3/a$、设计压力为 10MPa、站压缩比为 1.25 的基础上，分别对内涂管道和无内涂管道进行了工艺计算，其静态计算结果见表 7-4。

西气东输管道工艺静态计算结果 **表 7-4**

方案序号	管径(mm)	压力(MPa)	压缩比	粗糙度(μm)	压气站数(座)	需求功率(MW)	耗气量($\times10^4m^3/d$)
方案 1	1016	10	1.25	10	18	173.8	146
方案 2	1016	10	1.25	40	21	225.7	189.61
方案 3	1067	10	1.25	10	12	126.9	106.65
方案 4	1067	10	1.25	40	15	157	131.91
方案 5	1118	10	1.25	10	9	97.5	81.92
方案 6	1118	10	1.25	40	12	119.9	100.72

注：在 6 个运行方案中，上海末站压力均为 4.0MPa。

根据表 7-4 的计算结果，取设计输量下的站场数、机组配置及燃料气耗量，采用费用现值法（CPVCOS）对这 6 个方案进行经济性比较。在方案研究阶段，由于管道建设总体投资规模、配套工程量、流动资金数量等都难以确定，因此，忽略诸如回收固定资产余值、流动资金等因素，只估算线路工程投资及站场工程投资。在操作成本估算时，也相应进行了简化，只测算了输气的直接操作成本。比较结果（表 7-5）表明，方案 1、3、5（有内涂）明显优于方案 2、4、6（无内涂）。

不同粗糙度方案经济比较结果 **表 7-5**

	方案 1	方案 2	方案 3	方案 4	方案 5	方案 6
输气压力(MPa)	10	10	10	10	10	10
站压比	1.25	1.25	1.25	1.25	1.25	1.25
管径(mm)	1016	1016	1067	1067	1118	1118
粗糙度(μm)	10	40	10	40	10	40
压缩机站数(座)	18	21	12	15	9	12
装机功率(MW)	525	632	365	470	300	380
燃气消耗量($\times10^8m^3/a$)	5.40	7.01	3.94	4.88	3.24	3.37

续表

	方案 1	方案 2	方案 3	方案 4	方案 5	方案 6
线路投资(亿元)	205.64	201.64	226.75	222.41	246.45	241.76
站场投资(亿元)	67.50	77.13	48.54	58.89	40.61	48.24
年直接操作成本(亿元)	17.03	18.25	16.21	17.13	16.32	16.87
费用现值(亿元)	283.46	292.14	283.89	291.54	294.66	298.50

从表 7-5 可以看出，对选取的三种管径，其管内壁有内涂方案与无内涂的方案相比，线路投资高，但站场投资和操作成本低，因此总的费用现值有明显的优势。同时可以看出，管径越小，加内覆盖层的方案经济优势性越明显。对于 1016mm、1067mm、1118mm 三种管径，有内涂方案费用现值比无内涂方案分别减少 3.0%、2.6%和 1.3%。

经分析，有内涂和无内涂两种方案在固定投资和运行费用方面的效益存在差别。首先，在固定投资方面，以 ϕ1016mm 设计方案为例，从表 7-5 中的站场投资一项可知，有内涂的管道可减少 3 座压气站，节约资金约 9.63 亿元。内覆盖层的费用以 30 元/m^2 计，4000km 长的管道共需约 4 亿元，故只考虑一次性投资，施加内覆盖层后就可节约资金约 5.63 亿元。其次，在运行费用方面虽然实际运行中影响管道运行成本的因素很多，但若只考虑动力消耗，在设计输量下，仍以 ϕ1016mm 设计方案为例，采用内涂可节约功率 51.9MW，若全线均使用燃气轮机，每年可减少燃气 $1.61\times10^8 m^3$，按 1 元/m^3气价计算，每年即可节约资金 1.61 亿元。由此看出西气东输管道采用减阻型内覆盖层，经济效益是显著的。最终设计还是选定了内涂方案。

在干线输气管道采用内覆盖层前后经济评价方法中，不论是静态还是动态方法都还显得不十分成熟；特别是影响内覆盖层的经济因素较多，包括管道粗糙度的取值、管道输量、管径、输送距离、燃料价格、天然气售价、涂料成本、施工费用等，这些因素直接影响内覆盖层的经济性。因此，这个问题尚有待于进一步深入研究。

第 8 章　石油管道减阻技术

我国是世界第一人口大国，资源丰富，但是人均资源相对较少，远落后于世界其他国家。而依据科学发展观理论，要实现社会的可持续发展，必须实现资源的可持续发展。石油运输作为我国资源利用的一项重要环节，其有效性、高效性对于我国资源事业建设有着重要作用。

随着石油工业的发展，原油及各种燃料油的管道输送量日益增加，降低管路系统的摩擦阻力，提高输送量，对节约能源和投资，加速原油的开发利用，都具有重要意义。

石油管道减阻主要有两种途径：减阻剂减阻和管道涂层减阻。其中，管道涂层减阻技术，需要对管道进行内涂敷，减阻工艺复杂，减阻效果不佳。所以，石油管道减阻主要采用减阻剂减阻。减阻剂减阻是向流体注入减阻剂，通过减阻剂在管壁上形成的化学剂涂层，使接近管壁的流体紊流减弱，从而降低流体流动阻力。该方法与管道涂层减阻相比除了具有工艺简便、有效的特点外，还可以在管道达到最大输量后不进行设备增输改造的条件下增加输量，具有显著的经济效益。

8.1　我国石油运输现状

目前我国的石油大部分是通过管道运输实现资源分配。管道运输速度快、运输便捷、安全性更高，由于我国所产石油大部分属于凝点较高的含蜡石油或者黏稠的重质石油，运输过程中容易形成粘合和凝固现象，阻力大、能耗大，资源浪费现象较为严重。

关于解决石油管道运输的消耗大问题，我国也对管道运输优化进行了相关的学术研究和科学实践。目前我国石油管道运输减阻途径主要有管道涂层减阻、减阻剂减阻和石油磁处理减阻。而涂层减阻技术需要对管道进行内涂敷，工艺复杂，效果不佳。下面就石油管道运输减阻剂减阻技术、新型原油管道减阻技术和石油磁处理减阻技术等减阻技术进行研究。

8.2　石油管道运输减阻剂减阻技术

减阻剂是一种减少管道摩阻损失的化学添加剂，具有成本低、见效快、减阻效果明显和应用简便灵活的特点，通过减小石油流动阻力，可以达到增加输量的目的。

8.2.1　减阻剂种类

目前减阻剂按照亲水亲油科分为水溶性减阻剂和油溶性减阻剂。水溶性减阻剂主要在循环水系统、循环冷却系统中得到了有效的应用；而油溶性减阻剂，不仅可以应用于石油管道输送中，还可以用于石油产品输送中。

8.2.2　减阻剂的合成

1. 减阻剂的合成方法

减阻剂是高分子聚合物。通常条件下，高分子聚合物的合成方法有本体聚合、溶液聚合、悬浮聚合和乳液聚合 4 种。而减阻聚合物的合成方法有两种：溶液聚合法和本体聚合法。

（1）溶液聚合法

即除单体外加入溶剂，使聚合在溶液中进行。因为此减阻剂是溶液，其优势就是温度易于控制，缺点是聚合度较低、产物中常含有少量的溶剂。大量文献表明，早期采用溶液聚合方法得到的减阻剂，由于溶液聚合物本身粘度大、聚合物含量低，因此给运输和使用带来极大的困难。

目前，溶液聚合合成减阻技术也有了新突破，通过向聚合过程中加入降黏剂，可以改进成品的总体流动性和运动特性，同时可以获得更高分子质量和更均匀分子质量分布的聚合物，从而改善减阻剂的溶解性。

（2）本体聚合

即聚合在单体本体中进行，故组分简单、产物纯净、操作简便，缺点是聚合热不易排除。本体聚合是 20 世纪 90 年代中期发展起来的，它克服了溶液聚合的缺点，而且使单体转化率和减阻剂性能得到了大大提高。克服本体聚合的缺点的关键是使用一种由高分子材料制成的反应容器，并将其设计成能将反应热迅速释放出来的形状。实施聚合时，先用氮气吹扫反应容器，然后按比例加入单体和催化剂，密封后放入低温介质中，使其在低温下反应 3～6d 的时间。一般情况下，本体聚合产物纯度高，分子质量也比溶液聚合产物大得多。所以，本体聚合是目前比较先进的减阻剂合成方法。

2. 工艺条件

聚合温度 20±1℃，压力为常压，相对分子质量即可达 10^6 数量级。在 ϕ19mm、长 1.52m 的管线上做试验，输送介质为柴油，流速为 3.05m/s。

EP 系列减阻剂的合成：中国石油管道公司管道科技研究中心研制的 EP 系列减阻剂具有优越的减阻性能，已经达到国外先进的水平，并具备商业化生产和使用的条件。

（1）合成试剂

试验所使用的单体是碳数为 6-20 的 α-烯烃（化学纯，进口产品），引发体系是可用于阴离子配位聚合的 Ziegler-Natta 催化剂，其中主催化剂选用 $TiCl_3$，助催化剂选用烷基铝（AlR_3），均为分析纯试剂。

（2）合成步骤

此减阻剂是采用本体聚合的方法合成。首先将聚合单体进行精馏处理，并用气相色谱测其纯度是否符合试验要求。实施聚合时，为了缓解瞬间反应放热的程度，需将单体冷却至预定温度。将一定配比的 α-烯烃（一种或几种 α-烯烃按一定比例的混合物）和助催化剂（溶解在有机溶剂中，浓度一般为 120g/L）加入反应容器，然后按比例加入主催化剂，摇动使之混合均匀。当体系粘度增加，主催化剂不再下沉时，再按比例加入一定数量的 α-烯烃和助催化剂，混合均匀后放入超级低温水浴内反应 4～7d，体系反应温度控制在－50～10℃。以上操作均在隔绝空气的情况下进行。

8.2.3 减阻技术的应用

减阻剂合成后，为了改善减阻剂的使用性能，需将其进行后处理，制成不同外观形态的减阻剂产品，处理之后的减阻剂产品方可使用。由于减阻剂不能对由管道中弯头、法兰、阀门等产生的局部阻力起作用，所以减阻剂注入点位置的设置是个重要环节，它将直接影响减阻效果。注入点应当选择在泵站的出站管线上，这样注入的减阻剂不再受到如阀门、孔板、缩口及弯头等引起减阻剂剪切降解设施的剪切。注入口应直接开至管内壁，并视注入量的大小开一个或几个，以促使减阻剂注入后迅速分散到原油中去，不致形成黏稠状减阻剂球。

8.2.4 减阻技术的障碍

减阻剂减阻能够适用于各种油品的管道，不存在类似各类降凝剂对油品的选择性，但同时油品粘度对减阻效果的影响很大。不同类别的油品对于减阻剂减阻的应用有着不确定的影响力和影响效果。

8.3 新型原油管道减阻技术

目前出现的由于有机质的沉积使得原油在管线运输过程中出现输送阻力大、耗电量高、安全性难以保障等问题，使用 DRIVE 原油萃取剂进行室内和现场评价试验，包括稠油油垢溶解性、模拟管道降压减阻试验，发现 DRIVE 原油萃取剂具有良好的原油清洗力，降粘防蜡效果明显，可以明显降低原油输送阻力，改变原油润性，提高原油流变性，改善原油品质，从而减小原油在集输过程中的流动阻力，改善其流动性，降低原油的集输成本。

8.3.1 室内试验研究及评价

1. 试验药品和设备

试验仪器：①NDJ-8S 旋转粘度计；②原油凝点测定仪；③电子天平；④岩心流动试验仪；5 抽油泵筒凡尔、柱塞凡尔、筛管均为 CYB25-150THϕ38 抽油泵配套部件，其中泵筒凡尔直径 55mm，柱塞凡尔直径 30mm，柱塞凡尔孔截面积 706.5mm^2，筛管直径 62m、长 900mm，筛孔数 192。

试验材料：原油样品由桩西采油厂提供；某原油萃取剂由东营盛世石油科技有限责任公司提供；试验所用岩心为人造均质岩心，由环氧树脂与石英砂胶结而成，不含黏土；NDJ-8S 旋转粘度计由上海昌吉地质仪器公司提供。

2. 稠油油垢清洁溶解性

取 20mL 某原油萃取剂用清水 180mL 配制，放在恒温水浴 55℃下加热，放入 10g 现场油样，半个小时后，观察稠油的溶解情况为：将稠油均匀降粘分散成流动稀油，冷却至常温后原油不重新变粘，而是以松散的稀油漂浮在水面上。

3. 某原油萃取剂加量对抽油泵柱塞凡尔内原油流动阻力的影响

为了探讨加入不同量某原油萃取剂对原油流动阻力的影响，在原油中分别加入 0mg/L、50mg/L、100mg/L、200mg/L 的某原油萃取剂，测定不同流量下抽油泵柱塞凡尔前后的压降，如图 8-1 所示。

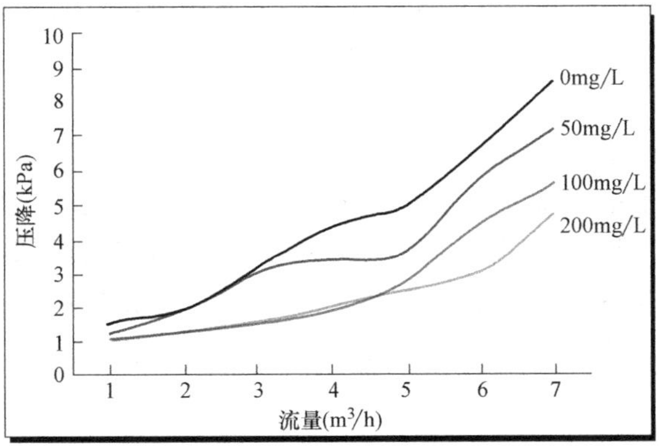

图 8-1　不同浓度下柱塞凡尔压降与流量的关系

由图 8-1 试验曲线可以看出，原油中加入某原油萃取剂后，流经抽油泵柱塞凡尔时的阻力大大减小。某原油萃取剂加量为 100mg/L 时，减小流动阻力的效果已十分明显，加量为 200mg/L 时，减小流动阻力的效果已不再有明显变化。

4. DRIVE 原油萃取剂加量对抽油泵筒凡尔内原油流动阻力的影响

为了探讨原油中加入不同量 DRIVE 原油萃取剂对抽油泵筒凡尔内原油流动阻力的影响，在原油中分别加入 0mg/L、50mg/L、100mg/L、200mg/L DRIVE 原油萃取剂，测定不同流量下抽油泵筒凡尔前后的压降。原油中加入 DRIVE 原油萃取剂后，抽油泵筒凡尔的流动阻力明显减小。DRIVE 原油萃取剂加量为 100mg/L 时，减小流动阻力的效果已比较明显，但加量继续增加时，流动阻力不再有明显变化。

5. 结果与讨论

(1) DRIVE 原油萃取剂能大大减小原油的流动阻力，显著降低原油的表观粘度。

(2) 泵筒凡尔及柱塞凡尔间的压降随着 DRIVE 原油萃取剂加量的增大而减小，DRIVE 原油萃取剂的最佳用量为 100mg/L。

(3) DRIVE 原油萃取剂在低温条件下（45℃）可显著改善原油的流动性。

(4) DRIVE 原油萃取剂的作用机理主要有两点，一是 DRIVE 原油萃取剂分散在原油中，改善原油的品质，可大大降低原油的表观粘度；二是 DRIVE 原油萃取剂吸附在管壁上形成保护膜，防止垢质再次沉积，降低管壁的摩阻。原油表观粘度和管壁摩阻的降低均可大大降低原油集输的能耗，因而 DRIVE 原油萃取剂在油田原油的集输和开采中具有很好的应用前景。

8.3.2 现场应用效果

联合站（首端，进站）排量 80m³/h、外输温度 95℃的情况下，外输管线压力不超过 2.0MPa。末端（出站）压力 0.15MPa，温度 58℃。中间站未投，不做要求。原油初馏点为 170℃，凝固点为 11℃，在联合站（首段，进站）（90～100℃，1.9MPa）至外输交油站（末端，出站）（58℃，0.15MPa）31.5km。

每十天进行一次大剂量的清洗，注入量为联合站排量的 0.5%，即每小时注入 80×0.5%＝0.4t DRIVE 原油萃取剂，连续注入 4h。注入完成转为日常添加浓度为 500mg/L。进站压力由 1.9MPa 降低至 1.3MPa，压力降低 31.5%，耗电量大大减少，起到良好的减阻降压效果。

由以上可得出：DRIVE 原油萃取剂具有良好的降压减阻效果，是一种高效、经济、安全、不污染环境、不损伤输送设备的新技术。它可以有效解决目前中海油管线集输中的管线结垢问题，可以在动态中实施。现场实践证明该技术切实可行，为管道降压减阻提供了可靠的技术保证，并且可降低输送压力、防止垢质沉积、降低耗电量、延长输油管道使用寿命。通过管道表面成膜作用，可使管壁面回转成亲水、疏油性，从而减小输送摩阻。

8.4 石油磁处理减阻技术

石油运输过程中采用磁处理降粘减阻技术，能够改变石油流动功能，从而减少运输过程中的摩擦力。该技术安装、维修方便，投资少，具有一定优势。但是由于缺少系统的科学研究和试验分析，该技术尚存在一定的不足，磁处理器的制造尚需完善。与减阻剂减阻不同的是：石油磁处理降粘的效果主要体现在对石油中石蜡分子产生作用。

一般情况下，石油中蜡成分的温度在 40℃左右，而在此温度范围内，对石油进行磁处理，能够改变蜡元素的物理形态机构，实现较好的降粘效果，从而减少运输过程中的粘合概率，实现顺畅运输。而影响磁处理的因素主要有以下 2 种：

（1）石油磁处理技术与石油的含水率有着直接关系，当石油含水量较低时，油含量大，处于油包水状态，此时的磁处理降粘效果更加明显。而当含水量上升，出现水包油状态，石油磁处理效果大大降低。

（2）同时磁处理的减阻效果还与温度、时间有关。一般情况下，磁处理的合适温度为 35～42℃；磁处理时间在 1～10s 的范围内，磁处理时间长，磁降粘减阻效果好。但是磁处理有效保持时间为 4h，时间长，效果降低。

8.5 其他石油管道运输改进技术

8.5.1 降凝剂

降凝剂主要是为了改进管道流动，用于含蜡型石油管道。它的主要作用就是降低油品的凝聚点和粘度，从而减少管道“瓶颈”的出现，减少管道维护工程量，避免停输以后再启动。

8.5.2　复合减阻剂

减阻剂可以使管道运输中摩擦力下降，但是由于管道的形状和构架的特殊原因，弯头、阀门等地区，减阻剂减阻效果欠佳。为了解决这一问题，可以采用复合减阻剂。

8.5.3　微囊减阻剂

通过试验表明，把浓度较高的减阻剂聚合物微粒通过封闭性器皿，封闭在惰性物质的外壳之内，这样就可以形成微囊减阻剂。微囊减阻剂不需要特殊的注入设备或者特殊工艺，使用方便。

微囊减阻剂的制作方式有很多，包括静态挤压法、离心挤压法、振动喷嘴法、旋转盘法、界面聚合、多元凝聚、悬浮聚合等多种方法。微囊减阻剂的生产需通过微囊减阻装置，将反应单体、催化剂和外壳材料分别从中心孔和外环套中加入，并且通过高速度将其挤出，这样形成的微囊减阻剂更加坚实，使用更加方便。

8.6　仿生减阻技术在油气管道中的应用

8.6.1　仿生非光滑表面减阻技术在油气管道中的应用

管道运输是油气运输的主要方式，管道运输中 80%～100%的能量损耗都在表面摩擦阻力上，因此减少摩擦阻力损失，一直是油气储运工作者所关心的问题。传统的减阻方法大多采用表面更光滑的管道或采用内涂层减少管道内表面的绝对粗糙度，但由于技术水平的限制，提高管道内表面的光滑度是有限度的。因此，采用此种方法来降低摩阻系数的潜力已经较小。

与此同时，生活在深海里，皮肤像砂纸一样粗糙的鲨鱼能够以人们想象不到的速度快速游动。这一现象表明：以减小表面粗糙度来减少表面阻力的方法是存在问题的。德国科学家对鲨鱼的皮肤进行细致研究发现，鲨鱼的皮肤表面布满了肋条状的冠状结构真皮组织，每一块冠状组织上具有 3～5 条径向沟槽，紊流流经这种非光滑表面时，会比流经光滑表面时产生的剪切阻力要小。基于这种现象，产生了一种模仿鱼类和有翼昆虫等生物非光滑表面的减阻技术。

1. 仿生非光滑减阻表面的减阻机理

到目前为止，仿生非光滑减阻表面减阻机理还没有统一的认识，相关的流体力学研究对沟槽表面的减阻机理已经提出了多角度的解释。

(1) 减小剪切压力。Choi 等研究发现在沟槽结构减阻试验中发现，当流体沿沟槽延伸方向流动时，大多数径向涡旋只与沟槽尖顶发生小面积接触，因而显著减小了对沟槽内壁的剪切压力以及与流体的有效摩擦面积和摩擦强度，从而有效减小了流体的剪切压力。

(2) 阻滞横向涡旋。径向涡旋在下冲运动时会与沟槽尖顶发生接触，使得涡旋的横向扩张受到沟槽结构的阻滞，进而使其径向的扩张同样受到限制，从而减少了湍流边界层中流体的动量损失，降低了表面摩擦阻力。

(3) 诱发次级涡旋。Bacher 与 Smith 研究发现，沟槽尖顶与流体的相互作用可形成与径向涡旋旋转方向相反的次级涡旋，阻碍与流体流动方向垂直的横向波纹的形成，从而降低流体横向的动量交换，减少能量损失。

(4) 防止流体分离。快速鲨鱼的胸鳍上侧面在水中游动时会承受较大的逆压，此处盾鳞的中央肋条多呈“V”形，尖端指向流体方向，这种“V”形肋条结构能够产生较强的湍流以维持流体的附着，防止流体分离，从而减少压差阻力。

(5) 盾鳞的覆瓦排列。盾鳞多呈覆瓦状排列，构成一个整体，盾鳞下的半封闭空间对减阻有利：从半封闭空间喷射出来的流体能够减轻边界层中流体压力的失真程度；半封闭空间能容纳横向流动的流体，因而能平衡因为流体射出而形成的压力差异。

2. 仿生非光滑减阻表面的制备技术

仿生非光滑减阻技术应用于油气输送管道，关键在于适于油气介质的仿生沟槽表面的大规模制备和涂覆工艺的突破。目前，国内外相关学者对仿生沟面的制备也进行了大量的研究工作，取得了相应的成果。

(1) 仿形加工方法

天然鲨鱼皮的表面形貌比较复杂，最初的仿生沟槽面都是在抽象简化的基础上通过机械加工等各种仿形加工方式制造出来的。兰利公司采用机械加工的方法将纵向沟槽加工在铝平面上，此后，兰利公司利用以胶带作为衬背的薄膜印上的沟槽取代直接在金属上加工，这样既可以减轻质量，也使得加工方便。

国内学者寇开昌、于秀荣等采用聚氨酯和一种特殊设计的模具，以得出沟纹峰顶间距为 0.2mm 的沟槽减阻膜，但沟槽峰顶间距尺寸较小的沟槽膜不适于用此法成型。随着技术的进步与研究的深入，又逐渐出现了借助精细机械加工（如微雕刻）、高能束加工（如激光烧结、等离子体刻蚀）、半导体加工（如 LIGA 技术）等方法来仿制成型仿生沟槽表皮形态模板的工艺。这些方法仍然主要集中在对表皮微观形貌的仿形制造上，不仅成型效率低、成本高，而且所仿制出的仿生表皮逼真程度差，减阻效率限制在 7%以下，直接限制了仿生减阻表皮的工程化应用。

(2) 生物加工方法

生物加工作为一种全新的加工方法，采用直接复制手段模拟生物表皮形貌，可以最大限度地保持生物原型的结构信息，在结构、效率和功能效果上较仿形加工技术更直接、高效，且成本低，可操作性高。国内学者韩鑫、张德远等以鲨鱼皮为生物复制模板，采用微压印和微塑铸法及脉冲电铸方法，对其外端形貌进行了大面积微复制。此类方法制得的复制模板，不仅可以用于复型翻模制作仿生减阻蒙皮，而且可以直接用于各种管道的内壁表面压印复制仿生减阻表面，该仿生减阻表面具有与原始生物表皮形貌 90%以上的逼真度，能够有效降低管壁阻力。分析表明：生物复制成型工艺在大面积直接复制鲨鱼皮制备仿生减阻表面方面不仅较好地保持了生物原型的生物特点和结构要素，而且在功能效果上突破了现有 7%的减阻率限制，具有较好的工艺性和实用性，将成为仿生减阻表面制造技术未来的发展方向。

3. 仿生非光滑表面减阻技术在油气管道上的应用及展望

（1）仿生非光滑表面减阻技术在油气管道上的应用现状

由于仿生沟槽表面加工相对困难、减阻效益与改进设备投资对比不明确，现阶段管道非光滑减阻技术在油气储运行业的应用研究还停留在试验室阶段。

Koeltzsch 等在管道内壁长 200mm 的表面上覆盖上了一层同流体来流方向夹角为 ±45°的分叉型沟槽结构，如图 8-2 所示。试验中发现管道的流体输量明显增加，同时流速的波动性减少，该沟槽结构起到了比较有效的减阻作用。

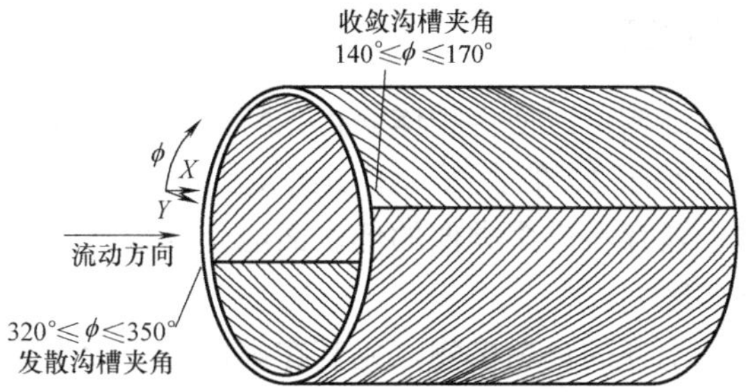

图 8-2　输油管道内壁分叉型沟槽表面示意图

目前，仿生减阻技术在输气管道上的应用主要还是在管道内注入具有表面活性剂结构特点的聚合物减阻剂，其极性端牢固地粘附在管道上或易溶于水，即在管道表面产生了类似鲨鱼黏液的黏滞性表层，起到了减阻作用，从而实现了低阻生物表面界面属性的仿生，而非光滑表面此类几何属性的仿生减阻技术在输气管道上的应用还是未来研究的方向。

（2）仿生非光滑表面减阻技术应用于油气管道的前景展望

上述研究只是从工艺可行性和原理性角度，对采用仿形加工工艺和生物复制成型工艺在仿生减阻表面微成型领域的应用进行了初步论证。对于适用于油气输送环境的仿生蒙皮材质选型，蒙皮在管道内壁上的曲面拼接、粘结，蒙皮亲水亲油改性以及实体样件减阻测试等方面还需做进一步研究。尤其是应用于油气输送管道时，该仿生表面需满足油气输送管道减阻内涂层的基本技术要求，同时要具有较方便的施工涂覆工艺和配套设备。

此外，仿生沟槽表面减阻技术应用于油气管道输送还应该在以下几个方面做深入研究：

1）对仿生非光滑减阻表面建立系统的分析与测试装置，在油气特定介质下进行具体的模拟试验，分析减阻表面的特征参数（沟槽间距 s、高度 h 以及沟槽长度 l）及其他参数对减阻效果的影响。

2）利用计算流体力学软件进行仿生非光滑减阻面的流场数值模拟并结合试验验证，以确定最佳的仿生非光滑减阻形状和尺寸，并结合仿生设计手段设计新型高效的便于批量化制造和应用的非光滑减阻表面。

3）在实际应用中，尝试将非光滑表面减阻技术与高分子聚合物、自润滑涂层等其他减阻技术结合，进行组合减阻，以提高减阻率。可将具有减阻功能的高分子涂料和自润滑涂层释放到仿生沟槽内，当此类高分子扩散到沟槽顶端进入靠近表面的边界层时，这些高分子将会有效减少因紊流所产生的摩擦阻力。

8.6.2 仿生自洁减阻技术在流体管道中的应用

当水滴落在荷叶上，会形成一个个自由滚动的水珠将叶片表面的尘土带走，使叶面始终保持干净，这种自洁现象被称为“荷叶效应”。如果能把荷叶的疏水性或是鲨鱼皮的减阻性运用到管道内层，那么密闭管道的清管频率将大大降低，同时这种材料还可以减少流体阻力，有效地减少流体管道的能耗。因此，基于仿生学，管道内壁自洁减阻涂层技术得到了飞速发展。该技术主要是通过模仿自然界中某些生物表层的超疏水特性来制造相应的涂层并将其用于管道运输中，从而达到减阻与自洁的功效。

1. 典型的超疏水生物模型

生物体表面的特殊微结构可以使生物体获得独特的疏水特性。超疏水表面是指与水的接触角大于 150°而滚动角小于 10°的表面，正如前文所提到的荷叶与鲨鱼皮这两种生物表面。除此之外，自然界中还存在许多类似的低表面能生物模型。

（1）猪笼草叶笼滑移区

猪笼草是一种叶子像水杯的食虫植物，尤其在雨后，其叶子表面会变得非常光滑，叶面上布满的微小的突起会形成一层薄薄的水膜。而昆虫的足部多油，水对油产生排斥，所以落在滑移区内的昆虫就会直接滑进猪笼草的捕虫笼中，被其捕食。

（2）水黾的针状刚毛

水黾是一种在水塘、小溪中常见的昆虫，它可以轻易地站在水面并在水面快速划行、跳跃，但腿不被水润湿。水黾之所以能停在水面上，主要是利用其腿部特殊的微纳米结构，将空气有效地吸附在这些同向的微米刚毛和螺旋状纳米沟槽的缝隙内，在其表面形成一层稳定的气膜，阻碍了水滴的浸润，宏观上表现出水黾腿的超疏水特性。

（3）蝉翼的超疏水纳米级表面

经研究发现，蝉翼不仅透明轻薄，而且其表面有非常好的超疏水性和自清洁性，水滴在蝉翼的表面几乎保持完美的球形，从而确保了其表面不会被雨水、露水以及空气中的尘埃所粘附，保证了受力平衡和飞行的安全。

2. 超疏水膜减阻机理分析

到目前为止，超疏水膜的减阻机理还没有统一的认识，本节就以荷叶、鲨鱼、海豚几种典型的超疏水膜为例，对它们的减阻机理进行简单的分析。

（1）纳米级空气膜减阻

荷叶表面存在着非常复杂的多重纳米和微米级的超微结构如图 8-3 所示。在超高分辨率的显微镜下可以清晰地看到荷叶叶面上布满着一个挨一个隆起的“小山包”，在“山包”间的凹陷部分充满着空气，这样就在紧贴叶面处形成一层极薄、只有纳米级厚的空气层。这就使得在尺寸上远大于这种结构的灰尘、雨水等降落在叶面上后，隔着一层极薄的空气，只能同叶面上“山包”的凸顶形成几个点接触。雨点在自身的表面张力作用下形成球状，水球在滚动中吸附灰尘，并滚出叶面，这就是“荷叶效应”，是能自洁叶面的奥妙所在。总的来说，类似“荷叶效应”的超疏水表面通常具有一种纳米尺度的复合结构，正是这些规则排列纳米突起所构建的粗糙度使其表面稳定吸附了一层空气膜，诱导了其超疏水的性质。

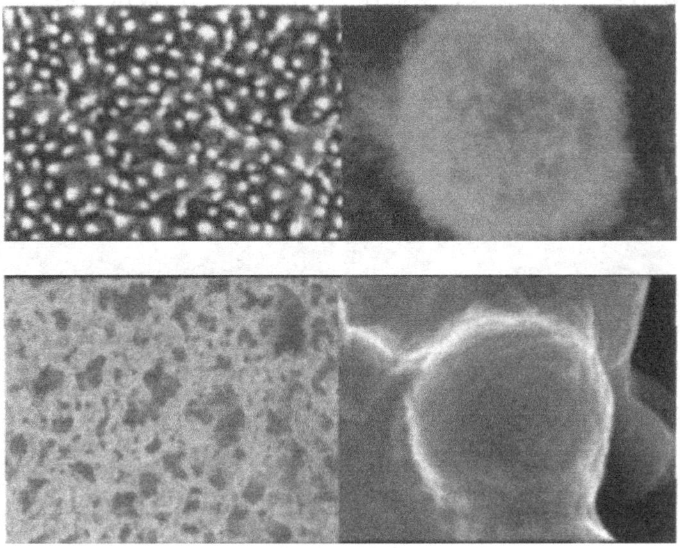

图 8-3　荷叶表面的微观结构

(2) 肋条结构减阻

沟槽形态的鲨鱼盾鳞肋条结构，具有良好的减阻作用（图 8-4），对此，相关流体力学的研究已经对其减阻机理提出了多角度的解释：

1）流体沿肋条延伸方向流动时，只与肋条尖顶发生小面积接触，减小了剪切压力；

2）径向涡旋的横向扩张受到肋条结构的阻滞，从而降低了摩擦阻力；

3）肋条尖顶与流体的相互作用可形成次级涡旋，降低了流体的横向交换，减少了能量损失；

4）“V”形肋条能产生较强的浊流以维持流体的附着，防止液体分离；

5）盾鳞下的半封闭空间不仅可以减轻流体边界层中的流体压力的失真程度，同时还能平衡空间内外的压力差。

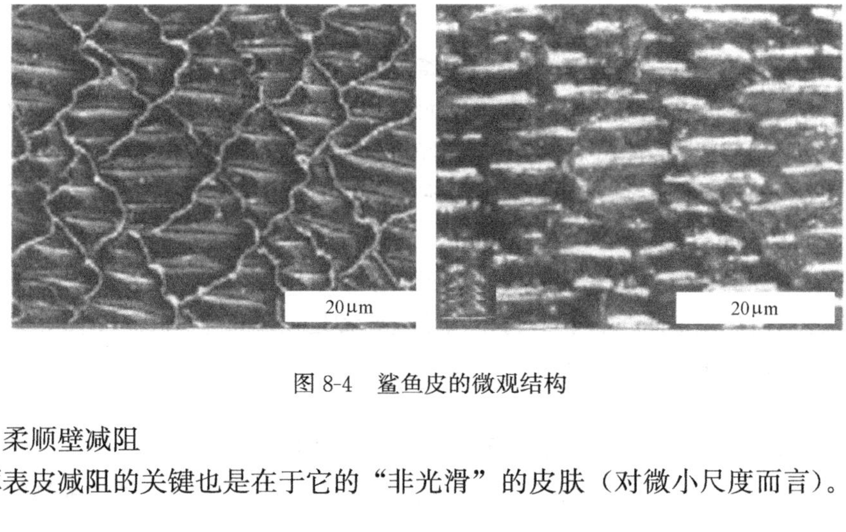

图 8-4　鲨鱼皮的微观结构

(3) 柔顺壁减阻

海豚表皮减阻的关键也是在于它的“非光滑”的皮肤（对微小尺度而言）。海豚的皮肤具有很好的弹性，可以随着水流呈波浪状起伏（图 8-5），我们可以称之为柔顺壁。柔顺壁的波动可以减小来流的紊流度，壁面压力梯度的缓解形成压力释放，从而造成边界层层流向湍流转捩的后移，将绕流扰动减小甚至是抵消。

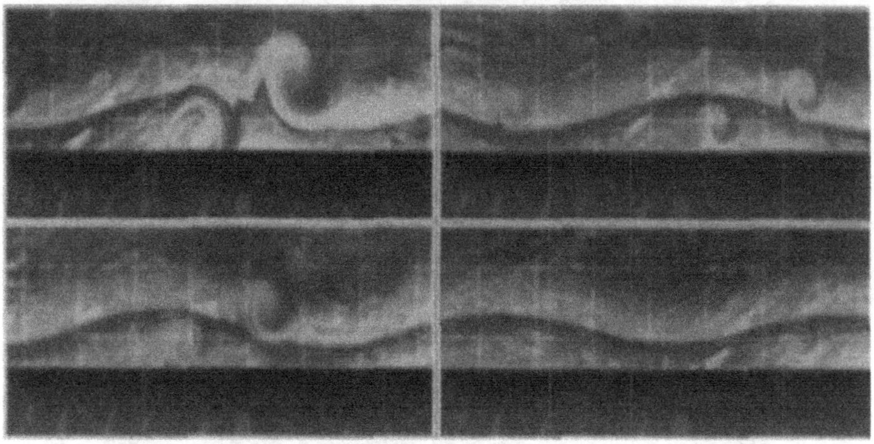

图 8-5 海豚皮肤的波动效果

3. 超疏水涂层的制备工艺

超疏水表面的构建策略主要有以下几点：

(1) 在粗糙的基底上修饰低表面能物质

该策略是先在基底制备粗糙的纳米材料表面，然后用疏水材料对纳米材料表面进行修饰和自组装以形成超疏水表面涂层。加工工艺主要有：

1）气相沉积法

气相沉积法包括物理气相沉积法、化学气相沉积法等，它是将各种疏水性物质通过物理或化学的方法沉积在基底表面形成膜的过程。化学气相沉积法是目前超疏水涂膜制备的最主要的技术方法之一。Julina A 等通过气相沉积法，在聚丙烯膜表面沉积多孔晶状聚丙烯涂层，使聚丙烯膜呈现超疏水性，接触角达到 169°，其接触角提高了 42°。

2）蚀刻法

蚀刻法是在固体表面通过湿刻、干刻等离子体蚀刻、激光蚀刻等方法制得具有粗糙结构表面，然后利用分子自组装进行表面修饰而得到超疏水表面涂层的方法。等离子蚀刻技术是一种有效地制备粗糙结构的方法，它已经广泛地用于制备超疏水性膜。McCarthy 等用等离子刻蚀处理技术以七氟化丙烯酸酯处理光滑的涤纶（PET）表面，制备了前进角和后退角分别可达 174°和 173°PET 超疏水膜。

(2) 在疏水表面构建具有一定粗糙度的表面微细结构

该策略是对已成型的疏水性膜进行结构改造或者是在成膜过程中进行多相结构诱导从而使膜最终呈现出超疏水性。加工工艺主要有：

1）粒子填充法

将疏水性微纳米级颗粒填充在疏水性膜中，形成杂化膜。这些粒子包括硅、聚四氟乙烯、氧化钛、石膏、金属氧化物等微纳米颗粒。这种杂化膜在填充的微纳米颗粒的镶嵌作用下，使得膜表面呈现起伏不平的三维粗糙结构，疏水性得到改善。

2）相分离法

相分离法是在成膜过程中通过控制成型条件，使成膜体系产生两相或多相，形成均一或非均一膜的成膜方式。该方法制备过程简便，试验条件较为容易控制，可以制备均匀、大面积的超疏水薄膜，具有较大的实际应用价值。江雷等以聚甲基丙烯酸甲酯和聚苯乙烯为原料用相分离法制备了具有鸟巢状微纳米结构的超疏水性聚合物膜，其接触角可达158℃。Shirtcliffe等通过溶胶凝胶相分离法，以有机—无机单体为功能物质，制备出了接触角可达150°以上的超疏水性薄膜。

3）模板法

模板及软模板印刷法是以具有微米或纳米空穴结构的硬的或软的基底为模板，将铸膜液通过倾倒、浇铸、旋涂等方式覆盖在模板上，在一定条件下制备成膜的方法。

（3）其他方法

除上述方法以外，超疏水表面涂层的制备方法还包括熔融法、挤压法、溶剂挥发法、自组装法等，这些方法与特定的疏水材料在构建超疏水涂膜时密不可分。

近年来，尽管研究者一直在努力，但是在实际的生产生活中超疏水膜并未能广泛应用，许多问题还有待进一步解决。目前在超疏水膜的制备过程中，不仅需要较为昂贵的氟硅化合物，而且许多方法还涉及特定的设备、苛刻的制备条件和较长的制备周期。因此，急需开发简单可行、环保经济的制备方法。

4. 仿生减阻自洁技术的应用前景展望

随着仿生自洁减阻技术研究领域的不断深入，超疏水涂层越来越多地应用到人们生活的各个方面，给人类的生产、生活带来了极大的便利和经济价值。早在1955年，美国首次将内部涂敷有涂层的管线投入实际应用。多年来，发达国家长输管线都采用了内壁涂层减阻技术。对于国内，根据西气东输减阻内涂的需求，中石油工程技术研究院最终开发出了一种减阻耐磨涂料并进行了试验及推广，取得了可喜的成果。但是，由于仿生超疏水表面加工相对困难、减阻效益与改善设备投资对比不明确，现阶段仿生自洁减阻技术的应用研究与国外仍然存在着相当大的差距。尤其是应用于油气输送管道时所需的减阻内涂涂层需满足相应的基本技术要求，即对粘结力、渗透性、耐磨性、耐压性、耐热性、化学稳定性和耐蚀性的特殊要求，同时还要具有较为方便的施工涂覆工艺和配套设备。随着管道输送工艺的不断发展，以及输送介质的不同要求，市场对减阻涂料的性能要求也在不断变化和发展，并呈现出多元化的发展趋势。因此，仿生自洁减阻技术应用于各种流体管道的输送还应在以下几个方面做深入研究：

（1）设计相对合理的仿生材料模型，在相关减阻机理研究的指导下，根据特定的流体性质及应用部位，提炼超疏水涂层表面的主要形态特征，不断改进材料制作工艺，进行系统精密的参数优化测试。

（2）针对特定输送介质，进行仿生减阻表面的数值模拟并结合具体试验验证以确定最佳的表面微观形状和尺寸，并结合仿生设计手段设计更多新型的高效的便于批量化制造和应用的超疏水涂层。

（3）在实际应用中尝试将仿生自洁减阻技术与高分子聚合物、自润滑涂层等其他减阻技术结合，进行组合减阻，以提高减阻率，从而实现低阻生物表面几何属性和界面属性的双重仿生。

此外，该技术还将有望应用于城市环保、医疗设备、水上运输、微电子、轻工业等多个领域。随着研究方法和测试系统的日趋成熟，减阻仿生材料也已步入实用阶段，但还远远不能满足人类对于节能减阻仿生材料的广泛需求。相信在未来新能源与新材料技术兴起的时代里，仿生自洁减阻技术必定会有更大的应用潜力与市场前景。

5. 复配型天然气减阻剂的合成及减阻性能

天然气减阻剂的减阻机理是利用特殊的具有表面活性剂类似结构特点的大分子化合物或聚合物，分子中具有极性和非极性基团。当将其加入到天然气管道中时，分子中的极性端牢固地粘附在管道金属内表面，形成一层弹性分子薄膜，使得管壁内表面的凹陷、沟槽被填塞，从而使得管道内壁粗糙度大大减小。天然气气流与新形成的较平滑的弹性薄膜壁面相接触，不再与原有粗糙不平的金属管道内壁接触。而非极性端存在于流体与管道内表面之间形成的气—固界面处，利用膜所具有的特殊分子结构，吸收流体与内表面交界处的湍能，从而减少消耗于内表面的能量，减少湍流的紊乱程度，达到减阻目的。

根据上述天然气减阻剂的减阻机理，天然气减阻剂应该满足如下要求：

（1）对天然气管道内壁有较强的吸附力；

（2）能够在管壁上形成连续、稳定的膜；

（3）分子中最好有一个柔性长链，能够吸收气体的湍流能；

（4）本身对管道没有腐蚀作用；

（5）可以溶于某些溶剂中配成溶液，然后注入输气管道中。

可以看出，构成天然气减阻剂的关键部分是其极性端，该极性端要牢固地吸附在管道内壁上，并能在管道内壁形成一层致密的光滑弹性分子膜。采用密度泛函理论考察了不同极性基团与铁的结合能，见表 8-1。

不同官能团与铁的结合能 **表 8-1**

官能团	距离（m）	结合能（kcal/mol）
羟基	2.18757	−93.45
硫醚	3.14025	−79.53
胺基	2.18860	−122.18
酰胺基	2.09004	−122.36
巯基	2.19354	−104.27

通过上表来看，含胺基、酰胺基、巯基、羟基等极性基团的化合物与铁具有较高的结合能。因此，天然气减阻剂应当选择含胺基、酰胺基、巯基、羟基等极性基团的化合物或聚合物。

单一地具有上述一种极性基团的化合物或聚合物，在试验室条件下大都能吸附在钢铁表面，并且能够在钢铁表面生成一层均匀的薄膜。但是当应用在实际的天然气输送管道上时，由于天然气的实际输送是在高压条件下，高速的天然气气流有可能将吸附在管壁上的薄膜破坏，使得薄膜从管道内壁脱落，很难保证天然气输送管道的减阻要求。考虑到具有不同极性基团的化合物之间可能存在协同吸附效果，我们将具有不同极性基团的两种化合物进行复配，以其中一种成膜性能优异的为成膜剂，另外一种为协同成膜助剂，对复配后形成的天然气减阻剂进行研究，以期获得更好的协同减阻效果。

下面分别对成膜剂和协同成膜助剂进行选择。

（1）成膜剂的选择

众所周知，电负性较大的原子如 N、S、O、P 等都极易提供孤对电子，以这些原子为吸附中心的化合物能够以某种键的形式与金属表面相结合，使得化合物吸附在输气管道内表面。所以我们在设计天然气减阻剂的分子结构时，不仅局限于含氮的化合物，同时考虑将硫原子引入分子结构中。

作为成膜剂，在复配型天然气减阻剂中要起到主要成膜的作用，这就要求其分子结构中含有多种电负性较大的原子，能够形成多个活性吸附中心，本身就可以牢固地吸附在金属表面，形成一层稳定的弹性薄膜。通过初步筛选，将巯基三唑作为天然气减阻剂中成膜剂的主要研究对象。巯基三唑化合物由 N、S、O 等多种电负性较大的原子构成，其分子中含有由三个氮原子组成的五元环、甲亚胺基、巯基、苯环等官能团，能够形成多个活性吸附中心，可以较好地吸附在金属表面上。巯基三唑化合物分子的氮原子和硫原子，能提供孤对电子，进入铁原子空的轨道，通过配位键化学吸附到金属的表面上。铁是过渡金属，铁原子具有未完全充满的 d 轨道，可以接收自配体的未成对电子。巯基三氮唑分子由于其结构的特殊性含有多个活性吸附中心，所以容易与铁形成配位共价键，能够很好地在钢铁表面吸附成膜。

基于上述成膜机理的分析，我们确定了将具有巯基、甲亚胺基、苯环等多个活性吸附中心的巯基三唑化合物作为复配型天然气减阻剂中的成膜剂。

（2）协同成膜助剂的选择

具有不同极性基团的化合物之间可能存在协同吸附的效应。所谓“协同吸附”，是指两种或几种化合物因为含有极性基团，本身都具有吸附效果，当将其混合在一起的时候，整体的吸附效果要强于各自的吸附效果之和，各组分之间有着相互促进吸附的作用。基于上述“协同吸附”理论，我们对协同成膜助剂进行了选择。

作为协同成膜助剂，首先本身也要含有电负性较大的原子，分子结构中有极性基团，能够以吸附键或共价键的形式吸附在金属表面上。除此之外，还要求与成膜剂之间有一定的协同成膜作用，能够在成膜剂本身的成膜性能上，使复配混合后的成膜效果有较大的增强，从而实现协同减阻增输的效果。

通过筛选，选择磷酸盐作为协同成膜助剂。这是因为磷酸盐化合物分子中含有 P、O 等电负性较大的原子，能够形成磷酸酯基等活性吸附中心气。文献研究也表明，磷酸酯基与金属表面的 Fe 原子存在较强的螯合作用，可以较好地吸附在钢铁表面形成一层薄膜。除此之外，磷酸盐分子中的磷酸酯基可以使成膜剂巯基三唑在钢铁表面的吸附薄膜更加致密、均匀，两者之间具有很好的协同效应。

综上所述，以磷酸盐作为协同成膜助剂，与巯基三唑化合物进行复配后配成溶液，得到了减阻效果较好的复配型天然气减阻剂。

（1）复配型天然气减阻剂的制备

首先选择合适的溶剂，将试验室中合成的成膜剂巯基三唑与协同成膜助剂磷酸盐溶于其中配成溶液。经过溶解试验，筛选出乙醇或丙酮为溶剂，巯基三唑化合物和磷酸盐在这两种溶剂中都有较大的溶解度，可以满足试验要求。

选择乙醇或丙酮作为溶剂，分别以试验室合成的两种巯基三唑化合物作为成膜剂，以磷酸盐作为协同成膜助剂，将二者按不同比例进行复配后得到的混合溶液，即为两种基于巯基三唑化合物的复配型天然气减阻剂。

（2）复配型天然气减阻剂的表征及性能测试

通过对巯基三唑化合物进行红外光谱分析和射线光电子能谱分析，可以确定复配型天然气减阻剂中的成膜剂成分和结构。在试验室条件下使天然气减阻剂在铁片表面吸附成膜，然后借助扫描电子显微镜可以直观地看到减阻剂在钢铁表面的成膜情况。借助于电化学阻抗分析，通过对比铁电极经天然气减阻剂溶液处理前后的电化学阻抗性能变化，可以了解电极表面薄膜的覆盖情况，也能反映出减阻剂对铁电极表面的粗糙度的改善情况。通过天然气减阻剂减阻性能室内评价系统进行减阻效果测试，可以直接获得复配型天然气减阻剂的减阻性能。

1）复配型天然气减阻剂中成膜剂的红外光谱分析

红外光谱是确定官能团和分子结构的有力工具。由于分子中的某些基团或化学键在不同化合物中所对应的谱带波数基本是固定的或只在小波段范围内变化，根据化合物的红外光谱中吸收峰的强度、位置和形状，可以确定分子中含有哪些有机官能团或化学键，进而由其特征振动频率的位移、谱带强度和形状的改变推断出该化合物的结构。

所使用的红外光谱仪为 TU18009PC 红外光谱仪。将产品 PABMT 提纯后，采用 KBr 压片，在 TU18009PC 红外光谱仪器上进行红外光谱分析，如图 8-6 所示。

为了便于比较分析，我们同时给出了中间产物的红外光谱图，如图 8-7 所示。

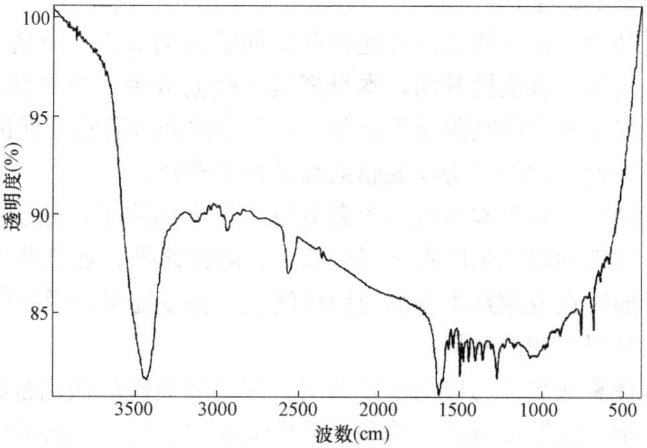

图 8-6　目标产物 PABMT 的红外光谱图

在图 8-6 中，2933.75/cm 是苯环上 C-H 的伸缩振动，1543.69/cm、1503.17/cm、1548.64/cm 和 1448.93/cm 是苯环中 C═C 的骨架振动，这几处吸收峰的存在证实了 PABMT 中苯环的存在。3426.14/cm 是 N-N 单键的伸缩振动，1630.25/cm 是三唑环中双键 C═N 的伸缩振动，1276.25/cm 是三唑环的伸缩振动，1072.43/cm 和 757.85/cm 是三唑环的骨架振动，1715/cm 附近没有拨基吸收峰的存在，表明 C═O 双键已不存在，

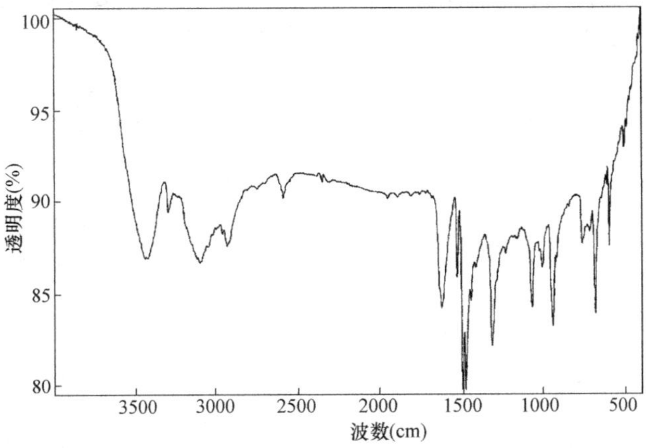

图 8-7　中间产物 PABMT 的红外光谱图

反应过程中形成了三唑环的结构，2653.47/cm 是 S-H 的伸缩振动，932.38/cm 是 S-H 的变形振动，680.8/cm 是 C-S 的伸缩振动，上述三峰的存在表明三唑化合物中含有巯基 SH。

在图 8-7 中，3299.36/cm 和 3105.22/cm 有两个明显的吸收峰，这是中间产物 PAMT 中的与三唑环相连接的-NH2 的伸缩振动，1553.36/cm 是 N-H 的弯曲振动，这是因为在中间产物 PAMT 中存在-NH2。与图 8-7 相比较，我们可以看出在图 8-6 中这三个吸收峰消失，而 1630.07/cm 的双键 C ═H 的吸收峰有所增加，这说明目标产物 PABMT 中不存在-NH2，原-NH2 的已被 H 取代，生成了新的键 N ═C，中间产物 PAMT 已完全参加反应。通过两图对比，可以证明合成产物为目标产物 PABMT。

2）复配型天然气减阻剂在铁片表面生成薄膜的能谱分析

X 射线光电子能谱是利用 X 射线激发样品电子能量谱，主要用于分析样品表面元素。它是表面分析中最有效、应用最广的分析技术之一，其表面灵敏度高，可用于表面元素的定性和定量分析。笔者用其对复配型天然气减阻剂在铁片表面生成的薄膜进行元素定性分析，所用仪器为英国公司生产的 ESCALAB 型射线能谱分析仪。样品制备时将铁片除油、除锈后，使用金相砂纸打磨至光滑，浸入一定浓度的天然气减阻剂溶液中，浸泡一段时间取出，自然晾干后进行 XPS 测试。

3）复配型天然气减阻剂在铁片表面生成薄膜的扫描电镜分析

扫描电子显微镜可以直接观测到样品表面的微观形貌。通过对比在减阻剂溶液处理前后铁片表面的微观形貌，能够直接观察减阻剂在钢铁表面是否吸附成膜，所生成薄膜是否致密完整，以及对钢铁表面原有粗糙度的改善程度，从而可以判断该样品是否具有减阻潜能。所用扫描电子显微镜为日本电子制造的 JSM-6700F 冷场发射扫描电子显微镜。

扫描电镜样品制备时将铁片除油、除锈后，使用金相砂纸逐级打磨至光滑，配制一定浓度的天然气减阻剂溶液，将铁片浸入其中浸泡一段时间后，将铁片取出，自然晾干后进行电镜分析。

借助于扫描电子显微镜，笔者对减阻剂在金属表面上吸附膜的微观形貌进行了分析，直观地观察到金属表面粗糙度的改善情况，从而得到复配型天然气减阻剂的成膜性能。

图 8-8a～图 8-8d 分别为空白铁片、PABMT 成膜剂单独处理的铁片、协同成膜助剂单独处理的铁片、PABMT 成膜剂和协同成膜助剂复配后的混合溶液处理的铁片。

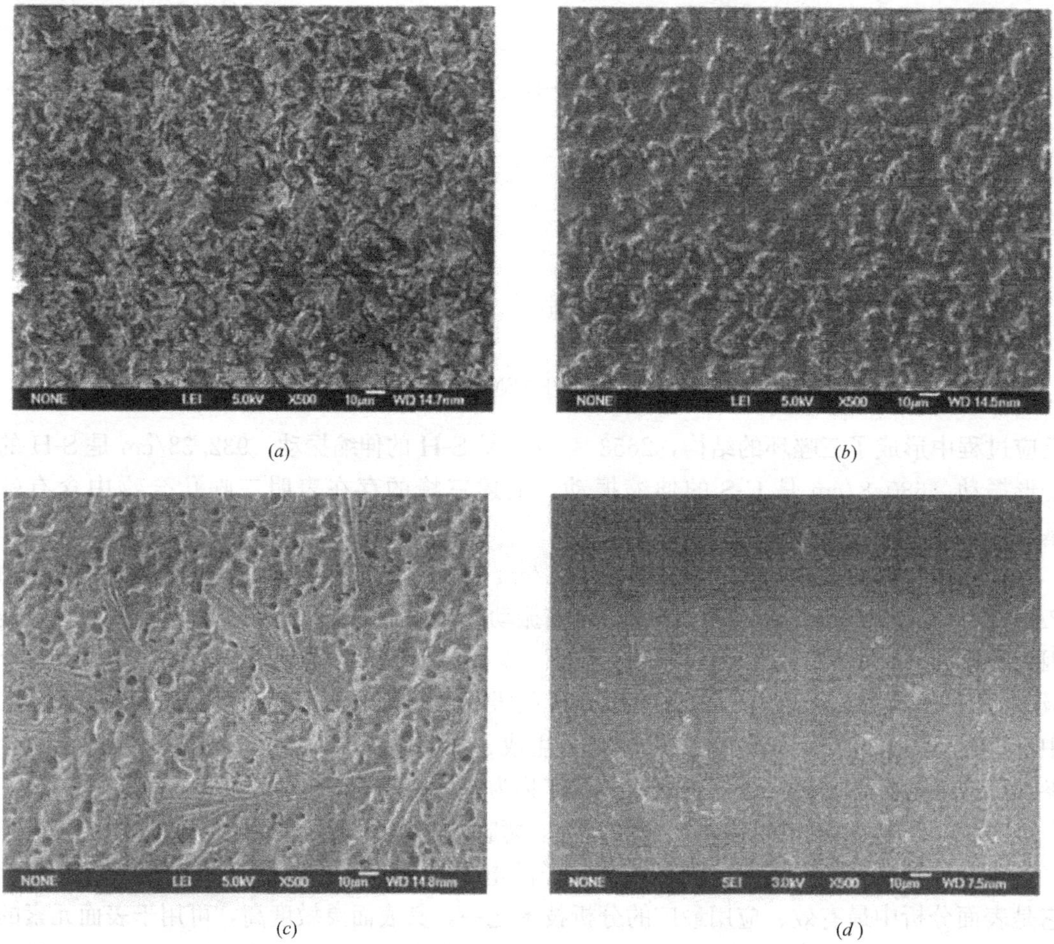

图 8-8　复配型天然气减阻剂处理前后的铁片表面

(a) 空白铁片；(b) PABMT 成膜剂处理铁片；(c) 协同成膜助剂处理铁片；(d) 复配混合液处理铁片

由图 8-8 可以看出：

① 空白铁片的表面凹凸不平，粗糙度较大，局部甚至有明显的凹谷，气体流经其表面时会受到较大的摩擦阻力。

② 经过成膜剂和协同成膜助剂单独处理的铁片表面的粗糙度有所降低，铁片表面变得平滑。这是因为在表面生成了一层致密的完整薄膜，使得原有的凹槽、凹谷等被填充，这说明成膜剂与协同成膜助剂本身都具有很好的成膜性能。

③ 协同成膜助剂处理过的铁片表面零星地分布着一些小孔，这可能是协同成膜助剂与铁片表面发生化学反应生成氢气，气体穿透薄膜逸出过程中破坏了薄膜的完整性。

④ 经复配混合液处理的铁片，其表面变得十分平滑，表面原来的凹槽、凹谷几乎不见了，原有粗糙程度得到了极大改善。表明成膜剂与协同成膜助剂之间有着良好的协同成膜效应，复配后的成膜效果远远好于其分别单独使用时，结果充分显示出其作为天然气管

道减阻剂的潜在应用价值。

4）复配型天然气减阻剂在电极表面生成薄膜的电化学阻抗测试

电化学阻抗谱方法是一种以小振幅的正弦波电位或电流为扰动信号的电化学测量方法。交流阻抗方法可以用来研究金属材料在各种环境中的耐蚀性能和腐蚀机理，在检测金属腐蚀的过程中可以不受电极表面电流分布不均匀的影响。目前，该方法已经较多地应用在金属腐蚀行为的研究中，但在天然气减阻的研究领域中尚未见到应用报道。天然气减阻剂在电极表面生成的薄膜越是均匀、致密，电极表面的粗糙度就越小，发生电化学反应的阻力和阻抗测试曲线的容抗弧半径则越大。依据其在金属耐蚀中的作用机理，以铁电极为研究电极，根据电化学阻抗谱测量得到的 EIS 谱图，可以得到减阻剂在电极表面生成薄膜的覆盖情况，从而可以间接地反映铁电极表面的粗糙度的改善性能。图 8-9 是电化学阻抗测试的试验设备图。

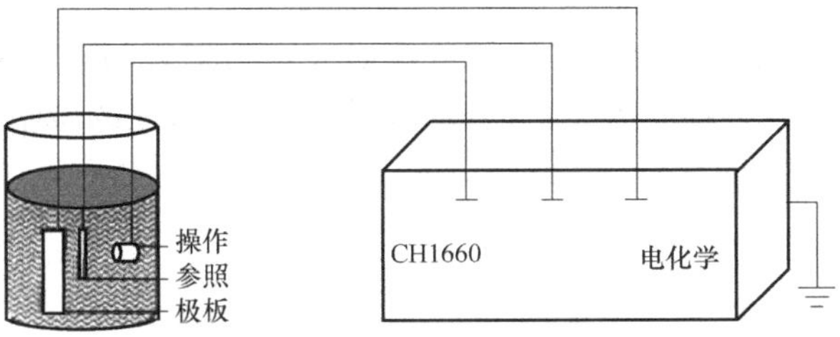

图 8-9　电化学试验设备图

为使测试效果更接近实际应用情况，笔者选择普通的柱状低碳钢作为原料制作铁电极，电极顶端焊接铜丝作导线，电极表面用乙醇或丙酮擦拭后，使用环氧树脂包覆，电极底面依次用粗、中、细砂纸打磨。我们分别对减阻剂溶液处理前后的铁电极进行电化学阻抗测试。

试验采用上海辰华 CH1660 型电化学工作站，采用三电极研究体系，铂金电极作辅助电极，饱和甘汞电极作参比电极，铁电极作研究电极。在开路电位下测量阻抗，选择频率范围为 $1\sim1\times10^5$ Hz。

交流阻抗试验结果如图 8-10 所示，其中曲线 1 是处理前空白铁电极的交流阻抗谱，曲线 2 是单独使用成膜剂处理后铁电极的交流阻抗谱，曲线 3 是复配混合液处理后铁电极的交流阻抗谱。

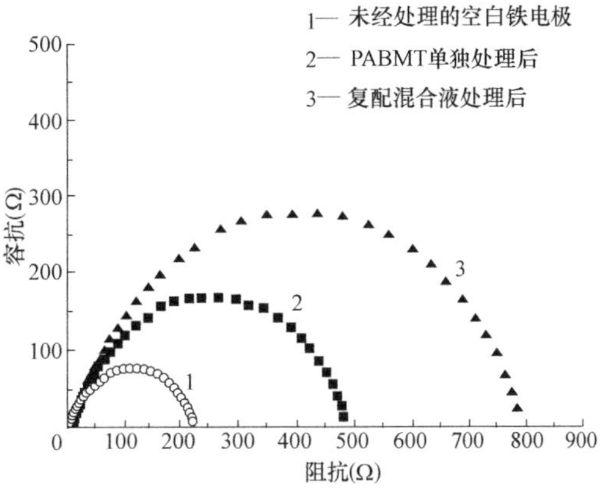

图 8-10　铁电极在处理前后的交流阻抗图谱

由图 8-10 可以看出：

① 图中的交流阻抗谱都是规则的半圆弧，即只出现了容抗弧，没有感抗弧的存在，也没有出现弥散现象，说明铁电极在交流阻抗测试中没有出现点蚀行为，电极表面均匀一致，所生成薄膜也均匀一致，电极表面粗糙度较小。

② 容抗弧半径的大小表征了电极表面上电荷转移阻力的大小。容抗弧半径越大，

说明电化学反应阻力越大，电荷越难转移。和空白电极曲线相比，成膜剂单独处理的电极曲线和复配混合液处理后的电极曲线容抗弧都明显变大，电极表面转移电荷的难度增大，说明在电极表面薄膜生成的曲线均呈现规则的半圆形，说明生成的薄膜厚度均匀，没有发生局部过厚现象。

③ 复配混合液处理后的电极与单独成膜剂处理的电极相比，容抗弧半径更大，说明复配混合液处理后的电极表面发生电化学反应的阻力更大，电荷转移的阻力更大，电极表面生成的薄膜更均匀、致密，即复配后的成膜效果比单独使用成膜剂时要好。

④ 交流阻抗谱的分析结果与扫描电镜分析结果一致，都表明成膜剂本身在钢铁表面有很好的吸附成膜性能，与协同成膜助剂复配后使用成膜效果更佳，二者之间有很好的协同成膜效应。

⑤ 与扫描电镜表征相比，交流阻抗测试的数据更加灵敏、准确，因此交流阻抗谱分析可以作为一种表征天然气减阻剂成膜性能的新型手段。

通过对电子扫描电镜和电化学阻抗谱分析研究，结果表明以 PABMT 为成膜剂的复配型天然气减阻剂在钢铁表面具有良好的成膜性能，具备潜在的减阻应用价值。

第9章　成品油管道内涂层减阻性能研究与应用

20世纪80年代，我国生产的成品油主要依靠铁路（70%）、公路（21%）和水路（8%）运输，管道运输只占运量的1%。到20世纪末，中国陆上成品油输送管道累计长度仅为3257.2km（是原油管道14254km的23%）管道运输也只占2%。而纵观管道输送的历史和现状，由于管道输送在技术、经济、管理、环境保护和提高生产能力方面具有一系列的优点，长输成品油输送管道替代成品油铁路运输这一发展趋势是不可逆转的。目前是我国成品油管道的快速发展时期，国家十一五期间新建成品油管道约1万公里，初步建成西油东送、北油南运成品油管道。

对于埋地管道，不管是外腐蚀还是内腐蚀，均会对管道造成破坏，造成泄漏、工厂停工、介质的污染，甚至会造成火灾。成品油管道内腐蚀是由于输送油品中微量的水分引起的。一般来说，长输成品油管道的石油产品是经过处理的，对钢管造成的内腐蚀可以忽略，不过为了保证油品纯度，采用内覆盖层也有很大的益处，比如航空成品油管道。

另一方面，当流体在管道内流动时，由于流体的内摩擦及管道内壁表面的作用，而产生摩擦阻力，引起相应的能量损耗。成品油输送管道的沿程阻力是由流体与管壁之间、流体质点与流体质点间的摩阻组成。为减少混油量，长输成品油管道一般采用湍流输送，在圆管流动中当雷诺数达到10^5，湍流度为10%，湍流雷诺应力比层流粘度性应力大100倍，并且应力越大，损失越大，而在长距离的管道输送中，泵站的动力几乎全部用于克服表面摩擦阻力。长输成品油管道中摩擦阻力损失约占总阻力损失的98%，所以减少成品油输送流动阻力、降低能量消耗，已成为世界各国的热门研究内容。

9.1　管道内涂减阻技术

目前，成品油管道的减阻增输主要采用添加减阻剂的方法，但减阻剂增输有很大的局限性。减阻剂一般为超高分子量的聚合物，在管道输送过程中，长直链的减阻剂自然延伸，具有引导管壁湍流流体沿轴向运动的作用，减缓湍流脉动而获得减阻效果，但如果管内流速不高，减阻剂分子链不能延伸，或减阻剂在管道里要遇到油泵、管件、孔板等各种形式的剪切作用，减阻剂在剪切力作用下会变为短链的小分子，不再具有引导介质轴向运动的作用，因此失去了对湍流的减阻效果，而且一般一种减阻剂只对特定的油品具有减阻效果，如果输送介质改变，这种减阻剂的减阻效果将会降低。另外，减阻剂价格昂贵，持续注入对输送油品的品质也有一定影响。所以添加减阻剂不宜作为一种普遍的、长期的增输方法，只能作为一种应对市场和季节变化而采取的暂时减阻增输手段。

在国外，管道减阻内涂技术作为一项成熟的减阻技术早已在天然气管道得到普遍应用，我国也在2002年西气东输天然气管道中首次使用该技术。但是涂层减阻在成品油管道中的研究和应用，目前国内外还未见报道。可以预见，如果在成品油管道内壁涂上一层薄薄的涂层，不仅可以保持油品的清洁性，防止施工期间管道内壁腐蚀以及运行中油品对管道的腐蚀，还可在压力不变的情况下减小管内流体阻力，大幅提高管输量，获得巨大的经济效益和社会效益。

目前，比较成熟的涂层减阻机理为光滑减阻，即通过涂覆涂层减小管内壁粗糙度，降低沿程摩阻系数获得减阻效果，例如，根据已成功应用减阻内涂技术的西气东输管道实际检测数据，涂上涂层后，管内壁粗糙度从 45μm 降到 10μm，摩阻系数减小 26.07%。低表面能涂层减阻是最近十几年发展起来的新的减阻机理，田军和等人利用循环式水筒研究了疏水表面在水中的减阻效果，张学俊等人采用改造的旋转粘度计评价了各种表面特性的涂层在原油中的减阻效果，研究结果表明，具有低表面能的涂层较一般涂层减阻效果更明显。管道内涂减阻技术自从 20 世纪 50 年代首次将内涂树脂涂层的管线投入实际应用以来，经过几十年的应用和发展，管道内涂层的涂料生产和施工技术日趋成熟。管道内涂层具有防腐蚀、减阻增输等综合效益，而涂层低表面能涂层减阻是最近几年才发展起来的减阻机理，有巨大的理论研究和实际应用价值。

1955 年，美国田纳西天然气管线公司首次将内涂树脂涂层的管线投入实际应用，洲际天然气管线公司也于 1955 年将内涂敷管线投入实际应用。经过几十年的应用和发展，欧美许多油气管道公司也开始认识到管道内涂层减阻的优越性，并对天然气管道的主干线涂敷内涂层，例如，横跨欧洲的马格里布管道、世界上最长的海底管道和加拿大到美国的联盟管道等。

9.2　管道内涂层的好处

内涂层减阻在天然气管道的运输使用经验表明它具有良好的经济性，能够耐磨、耐机械破坏并降低清洗、过滤、清管的成本以及其他清管设备的费用，确保产品纯度，防止污染，极大地降低了维护费用，使管道内壁不会造成沉积物的聚集，增加输量。

根据天然气管道内涂层实际应用效果可以推测，如果选用的涂料和涂装方法得当，在长输成品油管道中应用内涂层有以下好处：一是防止施工期间的腐蚀；二是减少沉积物，改善清管效果；三是保持油品清洁性；四是降低管道综合投资；五是减少维修量；六是内涂层具有一定的减阻效果，提高管道输送量。

内涂层可以增加管道输送量。由于内覆盖层的使用可使管道内壁粗糙度长期保持在 10μm 以下，使天然气或液体容易在管内流动，从而提高了输送效率，增加了输量。田纳西天然气管线公司在 1958 年首次进行了典型的天然气管道内涂层试验，试验结果表明，管道涂敷内涂层后的流动效率提高了。

内涂层还可以减少管道施工期间的腐蚀。由于长输管道施工周期较长，管道只有外壁涂有防腐涂层，这样在施工结束时会导致内壁腐蚀，影响油品的运输，如果在管道内壁涂覆涂层，可以有效地减少内壁的腐蚀度。

内涂层还可以减少管道维护量。由于内涂层的使用，使清管更加容易，而且减少了清管次数，同时清管器所需的压力大约只是裸管的一半，所以管道的维护量相应减少。

使用内涂层可以减小输送阻力，增大输量，取得良好的经济效益。良好的内覆盖层初期投入的成本可获得几倍的补偿，即使管径对于当时输量需求来说很充分，也应考虑。

使用内覆盖层，以便适应将来输量增加的需求。对于液体管线使用内涂层，典型的投资回报期为 3～5 年。某条华北成品油管道设计输油量为 320×10^4 t/a，使用内涂技术后，按理论增输量 18%计算，可以增输 57.6×10^4 t/a，按每吨公里 0.1 元计算，每年的效益约 1756.8 万元，又因可减少清理过滤器的费用 100 万元/a，每年共增加 1856.8 万元。在不考虑降低管道综合投资的情况下，2 年内即可收回内涂层的投资。

此外，内涂层还可以减少维修量并延长管道阀门和其他部件的使用寿命。借助管道内涂层的光泽度可以有效地对管道进行安全检查，以避免事故的发生。

总之，管道应用内涂层有许多优点，但目前管道内涂层仅用于天然气管道，成品油管道内涂层技术还有待研究和应用开发。

9.3　涂层减阻机理

由于管道在制造、焊接及安装过程中的种种原因，管内壁凸凹不平，起伏的高低、形式及分布情况具有随机性质，所以现有文献发表的管壁粗糙度为管壁粗糙凸出的平均高度。现结合图 9-1 来分析一下粗糙度对阻力损失的影响。

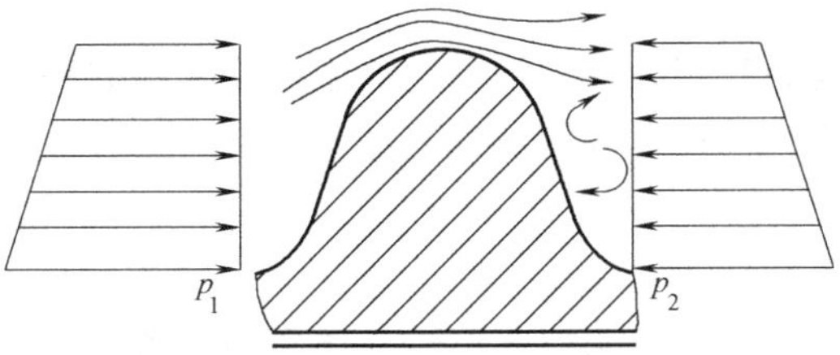

图 9-1　凸出物剖面压力分布图

在工业管输流动中，管内流动几乎全部为湍流流动，管内壁凸出物附近的流体呈湍流状态，流体绕过凸出物时发生脱流现象，于是在凸出物的后面形成了涡流区。由于涡流区的存在，凸出物的前后产生较大压差，这个压差就是阻力损失，这个压差阻力损失的大小与涡流区的大小及涡流区涡流强度的大小有关，而涡流区的大小又与凸出物的凸起高度即粗糙度有关。理论与实践都证实在其他条件不变时，凸出物的高度越大，涡流区就越大，从而产生的压差阻力损失也越大。光滑减阻的目的就是要减小凸出物的高度，减小涡流区的大小，从而达到减小凸出物前后压差的目的。油气管道采用内涂层就可大大减小管内壁凸出物粗糙度的高度，减小阻力损失，其机理如图 9-2、图 9-3 所示。

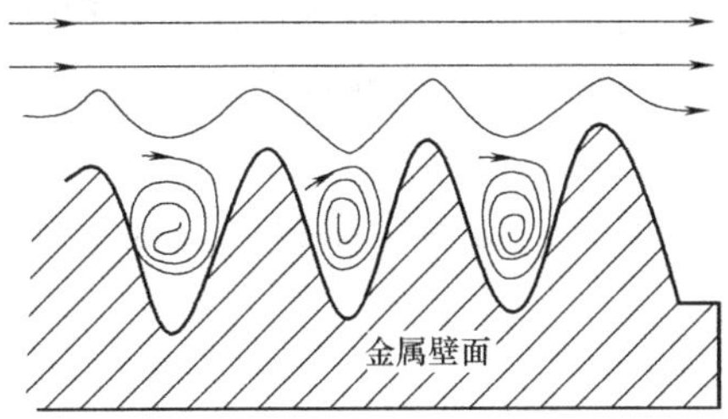

图 9-2　无涂层时涡流区示意图

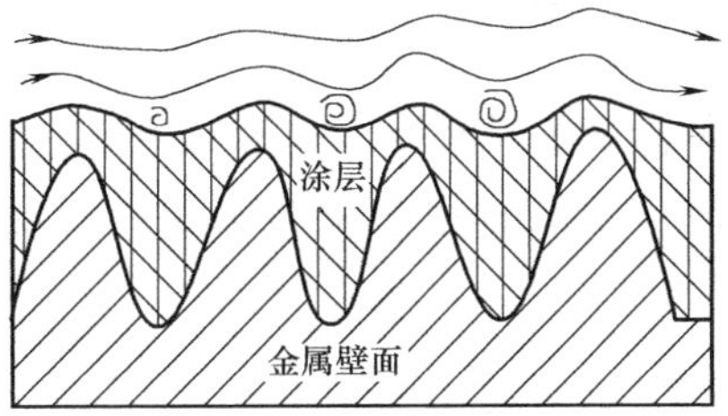

图 9-3　有涂层时涡流区示意图

管道内壁未涂涂层时，其内壁凸起物的高度粗糙度大，在其后形成的涡流区也大，于是就产生了较大的阻力损失而管道内涂树脂涂层后，由于涂层表面的光滑度较未涂涂层时要大得多，即其粗糙度较未涂涂层时要小得多，则有涂层时在凸起物后形成的涡流区也较未涂涂层时小得多，因此管道内涂涂层后的阻力损失也相应减小。但由于各种涂层材料不同，其凸起物的高度粗糙度也不尽相同，凸起物的高度粗糙度小的，阻力损失就小。

在成品油管道输送过程中，沿程阻力是长输管道输送阻力的主要来源，它由成品油与管壁之间、成品油体相质点之间两部分的摩擦阻力组成。在流体润湿管内壁的条件下，不论流态是层流还是湍流，都存在层流边界层，最大的流速梯度集中在管壁附近，因而形成较大的剪切力，产生流动阻力。而壁面剪切力的大小取决于输送油品的特性和油品与固体壁面间的相互作用力。管壁与流体分子间的吸引力越强，壁面引起的摩擦阻力损失越大。如果在管道内壁涂覆一层低表面能涂层，改变流体对管壁的润湿程度，使流体在管道内壁的接触角增大，减小管壁附近的速度梯度，就可减小壁面剪切力，降低输送阻力，节省输油能耗，提高管输成品油的市场竞争力。

9.4 管道减阻内涂涂料的基本要求

根据成品油管道的运行特点，成品油管道减阻内涂涂料的基本要求主要为粘结力、耐磨性、耐油品性、耐蚀性光泽度及表面特性等。

1. 粘结力

粘结力是涂料最重要的性能。水汽等腐蚀介质要通过覆盖涂层和被涂覆钢表面间的界面与碳钢表面基体接触，粘结力强可保持此界面的稳定，避免水汽渗透到覆盖层下面，防止膜下腐蚀介质的富集，从而防止膜下腐蚀和漆膜起泡，粘结力强还可减少机械力的损伤。

2. 耐磨性

由于减阻内涂覆盖层的工作条件是处于介质的不断摩擦中，需要承受输送介质和所含杂质的摩擦损耗，而且作为油气管道来说，正常的清管也会对内壁造成磨损，因此耐磨性是减阻内涂涂料的一项重要指标。

3. 耐油品性和耐蚀性

成品油管道一般输送各种牌号的汽油、煤油和柴油等介质，所以内涂层需要很强的耐油品性。另外，输送的油品中不可避免地含有微量水和硫化物，会腐蚀破坏内覆盖层，所以内涂的涂料需具有一定的耐蚀性。另外在管道储存和施工期间，空气中含有的水汽和各种杂质气体都对管道内壁有腐蚀的可能性，这种情况下管道内涂涂料可以起到防腐的作用。

4. 涂层光泽度及表面特性

用于管道内涂的涂料要有一定的光泽度，光泽度反映出管道内壁的光滑程度，表面越光滑，摩阻越小，减阻的效果就越好。另外，涂层的表面张力越低，与油品分子之间的作用力越小，可强化涂层的减阻效果。

除上述性能之外还有柔韧性、硬度、耐久性，易涂装也是内涂涂料应具有的性质。

9.5　成品油管道内涂层的减阻效果

9.5.1　图层的基本性质

在评价涂层减阻性能之前，需检测涂层的基本性质，以考察涂层是否符合管道内涂层的基本要求。将试验所用涂料涂覆在预先处理过的标准马口铁板上，常温干燥 7 天，实干后对涂层性能进行检测，数据见表 9-1。

四种涂层的基本性能　　**表 9-1**

测试项目	环氧清漆	1%PTFE 色漆	3%PTFE 色漆	5%PTFE 色漆	测试方法
涂层厚度(μm)	35	45	30	30	《色漆和清漆　漆膜厚度的测定》GB/T 13452.2—2008
耐冲击性(cm)	50	50	50	50	《漆膜耐冲击测定法》GB/T 1732—1993
铅笔硬度(H)	1	2	1	1	《色漆和清漆　铅笔法测定漆膜硬度》GB/T 6739—2006
附着力(划格法)(级)	1	1	1	1	《色漆和清漆　漆膜的划格试验》GB/T 9286—1998
弯曲试验(10mm 不开裂)	通过	通过	通过	通过	《漆膜柔韧性测定法》GB 1731—1993
耐油品性(柴油，常温 30d)	通过	通过	通过	通过	《漆膜耐汽油性测定法》GB/T 1734—1993

从表 9-1 可知，试验室制备的各种环氧涂层附着力高，硬度适中，柔韧性强，耐油性好，符合管道内涂层的基本要求。

9.5.2　间接法评价涂层减阻效果

采用改造的旋转粘度计法可以有效地评价涂层在油品中的减阻效果，但试验过程中有诸多因素会影响涂层的减阻效果。本节通过单因素试验设计，定性地考察了各种因素对评价结果的影响。试验证明，影响旋转粘度计法的评价结果主要有四个因素：涂层表面粗糙度、涂层厚度、转筒内壁涂层以及温度区间的选择。通过在涂料制备过程中增加过滤步骤、降低涂料粘度、选择合适的温度区间等试验方法，有效减小了各种因素对试验结果的影响，初步评价了涂层对油品的减阻效果。

自制转筒的标定：间接法使用 NDJ-79 型旋转粘度计，由于试验标准转筒数量少，转筒涂层不易清洗干净，为方便多种涂层涂装，比较各种涂层的减阻效果，本试验结合现有条件，自制了铝制转筒。

自制转筒的转筒系数在使用前需用标准转筒进行标定，介质采用润滑油基础油，测量仪器为一旋转粘度计。试验前选择合适的标准转筒，根据所选标准转筒的转筒系数，选择合适的试验测量温度范围，在温度区间内均匀选取 5 个试验温度点。转筒系数标定试验步骤如下：

(1) 先使用所选标准转筒，零点矫正后将标定介质小心加入测试容器中；

(2) 打开恒温水浴，升温到第一个试验温度后，待指针稳定后，记录第一个读数；

(3) 保持温度波动在 0.2℃之间，以后每隔 3 分钟记录一次，共记录 4 次，若其后 3 个读数的算术平均值与前一个值的偏差不超过 5%，即达到平衡，取最后一个读数作为该温度下的测量结果；

(4) 升温到下一个试验温度，重复第二步，直到全部数据采集完毕；

(5) 完成后更换试验介质，使用自制转筒，重复步骤 (1)～(4)；

(6) 对比两种转筒的试验数据，确定自制转筒的转筒系数。

试验介质为润滑油基础油，所选标准转筒的转筒系数为 0.2，按照上述试验方法对自制转筒的转筒系数进行标定，试验结果如图 9-4 所示。

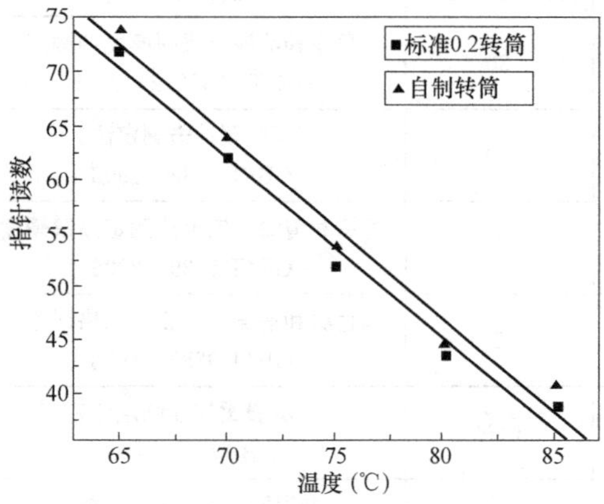

图 9-4 自制转筒系数的标定

从图 9-4 可以看出，自制转筒与标准×0.2 转筒在测量润滑油基础油的旋转粘度时，指针读数偏差不超过 2。由此可见，使用自制转筒评价涂层减阻效果时，可按 0.2 的转筒系数来选择试验油品合适的温度区间。

试验油品及油品的粘温性能：成品油管道一般以输送汽油、柴油、煤油、燃料油为主。为符合实际情况，结合现有条件，在试验中选用加氢柴油和润滑油基础油（上海高桥石化炼油厂提供）作为间接法涂层减阻评价介质。表 9-2、表 9-3 为加氢柴油和润滑油基础油的基本性质。

加氢柴油的基本性质 **表 9-2**

项 目	基本性质	项 目	基本性质
凝点(℃)	−9	铜片腐蚀(50℃,3h,级)	1
闪点(闭口)(℃)	62	初馏点(℃)	160.0
硫含量(%)	0.105		

润滑油基础油的基本性质 **表 9-3**

项 目	基本性质	项 目	基本性质
粘度(50℃,mm^2/s)	12.43	2%～97%回收温度,(℃,≤70)	54
色度,号(≤2.0)	<2.0		

众所周知，油品的粘度对涂层的减阻性能有很大影响，而温度是影响油品粘度的直接因素。选择合适的油品温度区间，关系到间接评价法能否成功检测出涂层的减阻效果。所以在涂层减阻评价试验之前，需要测定试验用油品的粘温性能。

自制转筒的转筒系数约为 0.2，按旋转粘度计指针读数最佳区间 20～80 之间可以推测，所测油品粘度最佳范围应在 4～16MPa·s。采用 NDJ-79 型旋转粘度计，转筒选择转筒系数分别为 0.1、0.5 的标准转筒，水浴恒温，分别测量不同温度下加氢柴油、润滑油基础油的旋转粘度。

由图 9-5 可知，加氢柴油的粘度随温度的降低而升高，当温度低于 18℃时，加氢柴油的旋转粘度大于 4MPa·s，所以在使用自制转筒评价涂层对加氢柴油的减阻效果时，测量温度应低于 18℃。

由图 9-6 可知，常温下润滑油基础油的粘度较大，当温度高于 60℃时，润滑油基础油的旋转粘度约小于 16MPa·s，所以在使用自制转筒评价涂层对润滑油基础油的减阻效果时，测量温度应高于 60℃。

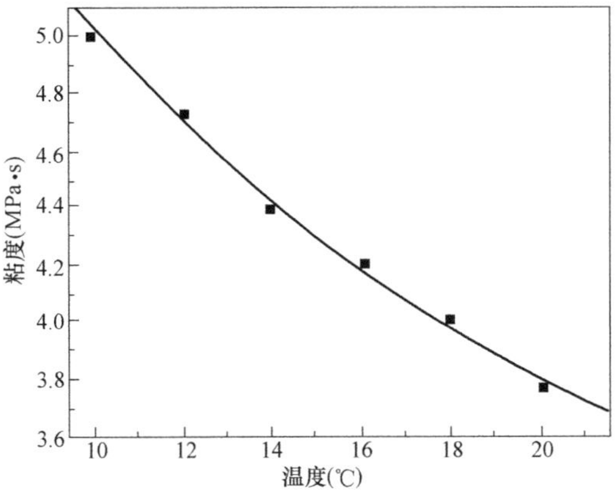

图 9-5　加氢柴油的粘温曲线

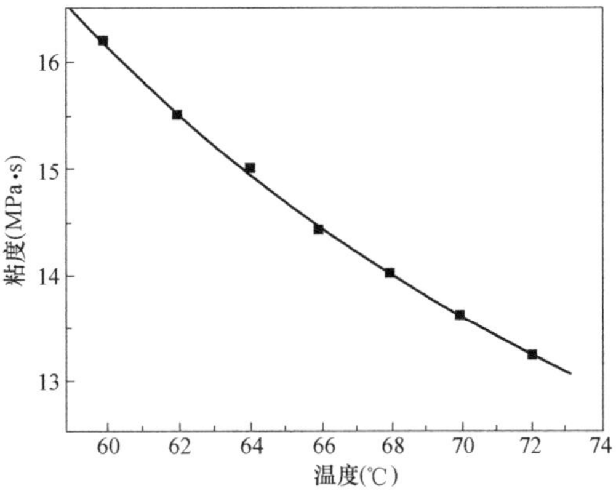

图 9-6　润滑油基础油的粘温曲线

9.5.3　直接法评价涂层减阻效果

间接评价法具有方法简单、费用低、周期短等优点，但不能直接反应管道实际输送过程中涂层的减阻效果，因此只适用于试验初期对涂层减阻材料的筛选和涂层减阻效果的探索研究工作。在运用间接法评价涂层减阻效果得到一定的试验成果后，使用自行设计并建立的循环管道评价装置，得到管道输送压差减阻数据，验证间接评价法的试验结果，并进一步探索涂层对成品油的减阻规律。

减阻评价试验步骤如下：

(1) 试验准备，油桶中装入试验测量油品，灌泵，安装好无涂层测量段管道，待用。

(2) 打开油泵和压力传感器显示器电源，开启循环冷凝水，先开转子流量计上游阀门至最大，再打开流量计下游的流量调节阀至最大，调节测量段管道后的压力调节阀开度至装置内油品最大流量为 1.32m^3/h。

(3) 调节转子流量计的流量调节阀开度至第一个试验流量，稳定 10min，记录第一组测量段管道两端的现场压力，以后每隔 15s 记录一组压力值，共采集 10 组，取 10 组数据的平均值作为该流量下的压差数据。

(4) 调节转子流量计的流量调节阀开度至下一个试验流量，重复步骤 (3) 至采集完该测量段管道所有试验流量下的压差数据。

(5) 更换内壁涂有涂层的测量段管道，重复步骤 (1)～(4)，采集不同涂层的测量管压差数据。

（6）一种油品介质测量完毕后，更换油桶中油品，重复步骤（1）～（5），测量各涂层管道在不同油品中的压差值。

（7）试验完毕后，先关转子流量计上游阀门，再关闭流量计下游流量调节阀，关泵电源，最后切断压力传感器电源，关闭循环水。

（8）数据处理，计算不同涂层对油品的减阻率，分析试验结果。

参 考 文 献

[1] 董邵华，杨祖佩. 全球油气管道完整性技术与管理的最新进展 [J]. 油气储运，2007，26 (2)：1-17.

[2] 张兴水，曹杰. 输气管道减阻内涂层与减阻剂应用现状及效益分析 [J]. 油气储运，2013，32 (6)：675-678.

[3] 曹鹏，李海坤. 输气管道内减阻涂料发展现状 [J]. 广州化工，2013，41 (6)：35-36.

[4] 李国平，刘兵，鲍旭晨，等. 天然气管道的减阻与天然气减阻剂 [J]. 油气储运，2008，27 (3)：15-21.

[5] 钱成文，刘广文. 天然气管道的内涂层减阻技术 [J]. 油气储运，2001，20 (3)：1-6.

[6] Murvay P S，Silea I. A survey on gas leak detection and localization techniques [J]. Jouranl of Loss Prevention in the Process Industries，2012，25 (6)：966-973.

[7] Folga S M. Natural gas pipeline technology overview [R]. Chicago：Arogonne National Laboratory，2007.

[8] Scott S L，Barrufet M A. Worldwide assessment of industry leak detection capabilities for single &multiphase pipelines [R]. Austin：Offshore Technology Research Center，2003.

[9] 赵巍，王晓霖，帅健. 天然气管道减阻剂国内外技术现状 [J]. 当代化工，2013，42 (9)：1280-1284.

[10] 刘辉. 天然气管道内壁减阻技术的应用 [J]. 科技创新导报，2012，3：76.

[11] 叶天旭，王铭浩，李芳，等. 天然气管输减阻剂的研究现状 [J]. 应用化工，2010，39 (1)：104-126.

[12] 黄志强，马亚超，李琴，等. 天然气管道减阻剂效果现场评价方法研究 [J]. 西南石油大学学报，2016，38 (4)：157-165.

[13] 崔铭伟，曹学文. 腐蚀缺陷对中高强度油气管道失效压力的影响 [J]. 石油学报，2012，33 (6)：1086-1092.

[14] 黄维和，郑洪龙，吴忠良. 管道完整性在中国应用10年回顾与展望 [J]. 天然气工业，2013，33 (12)：15.

[15] 刘晓辉，苏先锋，黄明清，等. 基于Fuller级配理论的膏体管道输送减阻技术研究 [J]. 金属矿山，2016，10：40-44.

[16] 孙艳增. 减阻技术在管道输送中的研究应用 [J]. 石油规划设计，1996，6：27-28.

[17] 于慎卿. 减阻技术在我国石油管道上的应用 [J]. 油气储运，1990，9 (2)：16-22.

[18] 杨志强，王永前，高谦，等. 金川膏体管道输送特性环管试验与减阻技术 [J]. 矿冶工程，2016，36 (5)：22-26..

[19] 王强，孙元晖. 论原油管道减阻技术研究进展 [J]. 中国化工贸易，2013，4：416.

[20] 曹燕龙，王为民，葛磊，等. 压力梯度法定位管道泄漏点的数值模拟 [J]. 辽宁石油化工大学学报，2014，(02)：45-48.

[21] Zhang L B，Qin X Y，Wang Z H，etc. Designing a reliable leak detection system for west Products pipeline [J]. Journal of Loss Prevention in the Process Industries，2009，22 (6)：981-989.

[22] Schlaffman D T. Pressure analysis improves lines′ leak-detection capabilities [J]. Oil and Gas Jour-

nal，1991，89（52）：98-101.
[23] Tetzner R. Model based pipeline leak detection and localization [J]. 3R International，2003：455-460.
[24] Geiger G，Bollermann B，Tetzner R. Leak monitoring of an ethylene gas pipeline [R]. PSIG Annaual Meeting，California，USA，2004，4（2）：1-30.
[25] 孙良. 基于模型的油气管道泄漏检测与定位方法研究 [D]. 北京：北京化工大学，2010.
[26] Zhao Q，Zhou D H. Leak detection and location of gas pipelines based on a strong tracking filter [J]. Transaction on Control Automation and Systems Engineering，2001，3（2）：89-94.
[27] 刘翠伟，李玉星，王武昌，等. 输气管道声波法泄漏检测技术的理论与实验研究 [J]. 声学学报，2013，(03)：372-381.
[28] 王晓东. 提高声波法管道泄漏检测准确性的方法研究 [D]. 北京：北京化工大学，2016.
[29] 杨丽丽，谢昊飞，李帅永，等. 气体管道泄漏声发射单一非频散模态定位 [J]. 仪器仪表学报，2017，(04)：969-976.
[30] 王汝姣. 基于声发射技术的管道腐蚀与泄漏检测研究 [D]. 兰州：兰州理工大学，2016.
[31] 吴家勇，李海娜，马宏伟，等. 基于管内探测器的管道微小泄漏检测现场测试 [J]. 管道技术与设备，2017，(02)：16-18.
[32] Rae Min，Lee Joorr-Hyun. Acoustic emission technique for pipeline leak detection [J]. Key Engeering Materials，2000，186（4）：888-892.
[33] 周琰. 分布式光纤管道安全监测技术研究 [D]. 天津：天津大学，2006.
[34] 曲志刚. 分布式光纤油气长输管道泄漏检测及预警技术研究 [D]. 天津：天津大学，2007.
[35] 张景川. 分布式光纤油气管道安全检测信号处理技术研究 [D]. 天津：天津大学，2010.
[36] 吴俊. 长途油气管道破裂预警的干涉型分布式光纤传感系统定位技术研究 [D]. 重庆：重庆大学，2007.